JN059118

第2版
増補

# 確率分布と統計入門

服部哲也 著

# *Probability distribution Statistics*

学術図書出版社

# 前書き

　本書は，半期理工系向けの確率・統計の教科書として利用されることを想定している．拙著『理工系の 確率・統計入門　第4版』（以下「確率統計入門」と呼ぶ）の短縮版であり，「確率統計入門」の改訂に合わせて本書も改訂することとなった．「確率統計入門」を基準にすると，基本的なスタイルは同じであるが半期使用を想定して全体的に簡素化しており，問題や扱う項目も削減もしくは簡略化し，一部は巻末付録とした．なお，増補として巻末付録に多次元正規分布を追加してある．

　本書の利用にあたり，いくつか注意をしておく．確率・統計では，確率関数／密度関数と分布関数のどちらを主にするか，標本分散と不偏分散のどちらを主にするかなど流儀は様々であるが，本書では前者について確率関数／密度関数のみとし，後者について標本分散を主にしてある．代わりに「標本分散と不偏分散の関係式」を明示してある．

　次に，本文全体で使用する記号は「記号一覧」を参照してほしい．記号は個々の本で異なるものである．また，データからの計算結果では近似値であっても「≒」ではなく「＝」を利用してある．さらに，今回の改訂で記号や用語の一部も変更した．標本比率の記号を以前の $p_A$ から $\hat{p}$ に，標準誤差の記号を $SE$ に，仮説の記号を $H_0$, $H_1$ に変更し，「相関図」という用語は高校の教科書で「散布図」となったことを考慮してこれも変更した．

　最後に改めて私が関わってきた多くの方々に感謝したい．2人の恩師，井川満先生，磯崎洋先生，アドバイスを頂いた大阪工業大学数学教室のスタッフの方々，私の多くの注文に応えていただいた学術図書出版社と同社の高橋秀治氏に心より感謝します．

2021 年 7 月

著者

# 記号一覧

## 【マーク，見出し】

| | |
|---|---|
| ex. | 例，例題，example |
| Chap. | 章，Chapter |

## 【アルファベット順】

| | |
|---|---|
| $B(n, p)$ | 2 項分布（Chap.3） |
| $_nC_k$ | 組合せの数 |
| $\text{Cov}(X, Y)$ | $X, Y$ の共分散（Chap.4） |
| $E[X]$ | $X$ の平均（Chap.2） |
| $F(k_1, k_2)$ | $F$ 分布（Chap.5） |
| $F_{k_1, k_2}(\alpha)$ | $F$ 分布表参照（Chap.5） |
| $H_0$ | 帰無仮説（Chap.7） |
| $H_1$ | 対立仮説（Chap.7） |
| $I(z)$ | 正規分布表参照（Chap.3） |
| $L(\theta)$ | 尤度関数（Chap.6） |
| $m$ | 平均（Chap.2-4） |
| | 母平均（Chap.5-7） |
| $M_X(t)$ | $X$ の積率母関数（Chap.2） |
| $N(m, \sigma^2)$ | 正規分布（Chap.3） |
| $p$ | 母比率（Chap.5,6） |
| $\widehat{p}$ | 標本比率（Chap.5,6） |
| $P(A)$ | $A$ の確率 |
| $P(B\|A)$ | 条件 $A$ の下での $B$ の 条件付き確率（Chap.1） |
| $Po(\lambda)$ | ポアソン分布（Chap.3） |
| $r(X, Y)$ | $X, Y$ の相関係数（Chap.4） |
| $S^2$ | 標本分散（Chap.5） |
| $S$ | 標本標準偏差（Chap.5） |
| $SE$ | 標準誤差（Chap.6） |
| $t(k)$ | $t$ 分布（Chap.5） |
| $t_k(\alpha)$ | $t$ 分布表参照（Chap.5） |
| $U^2$ | 不偏分散（Chap.5） |
| $V[X]$ | $X$ の分散（Chap.2） |
| $\overline{X}$ | 標本平均（Chap.5） |
| $z(\alpha)$ | 正規分布表参照（Chap.6） |

## 【ギリシャ文字】

| | |
|---|---|
| $\alpha$ | 有意水準（Chap.7） |
| $1 - \alpha$ | 信頼度（Chap.6） |
| $1 - \beta$ | 検出力（Chap.7） |
| $\mathcal{B}(x, y)$ | ベータ関数（p.72-73） |
| $\Gamma(s)$ | ガンマ関数（p.16, p.71） |
| $\sigma^2$ | 分散（Chap.2-4） |
| | 母分散（Chap.5-7） |
| $\sigma$ | 標準偏差（Chap.2-4） |
| | 母標準偏差（Chap.5-7） |
| $\theta$ | 母集団分布のパラメータ （Chap.6） |
| $\widehat{\theta}$ | $\theta$ の推定量（Chap.6） |
| $\chi^2(k)$ | $\chi^2$分布（Chap.5） |
| $\chi_k^2(\alpha)$ | $\chi^2$分布表参照（Chap.5） |

## 【数式表現】

$$\prod_{j=1}^{n} x_j = x_1 \cdot x_2 \cdots x_n \qquad 積$$

$n \gg 1$　　　$n$ は十分大きい

$0 < p \ll 1$　　$p$ は正の範囲で十分小さい （0 に近い）

$\exp(x) = e^x$

## 【集合関連】

| | |
|---|---|
| $\boldsymbol{R}$ | 実数全体の集合 |
| $\Omega$ | 標本空間，全事象 |
| $A \cap B$ | $A, B$ の積事象／共通部分 |
| $A \cup B$ | $A, B$ の和事象／和集合 |
| $A^c$ | $A$ の余事象／補集合 |
| $\sharp A$ | 集合 $A$ の要素の個数 |
| $a \in A$ | $a$ は集合 $A$ に属する |
| $A \subset B$ | 集合 $A$ は集合 $B$ の部分集合 |
| $\emptyset$ | 空事象／空集合 |

$$\bigcup_{n=1}^{k} A_n = A_1 \cup A_2 \cup \cdots \cup A_k \qquad \bigcup_{n=1}^{\infty} A_n \quad \text{少なくともどれか 1 つの } A_n \text{ に属する要素の集合}$$

# 補助公式

- 「組合せの数」　$_nC_k = \dfrac{n!}{k!(n-k)!}$　　ただし $0! = 1$ とする.

- 「2 項定理」
$$(a+b)^n = \sum_{k=0}^{n} {}_nC_k a^k b^{n-k} = {}_nC_0 a^0 b^n + {}_nC_1 a^1 b^{n-1} + \cdots + {}_nC_n a^n b^0$$

- 「級数の公式」
$$\sum_{k=1}^{\infty} z^{k-1} = \frac{1}{1-z} \quad , \quad \sum_{k=1}^{\infty} k z^{k-1} = \frac{1}{(1-z)^2}$$
$$\sum_{k=2}^{\infty} k(k-1) z^{k-2} = \frac{2}{(1-z)^3} \qquad (|z| < 1, \text{ ただし } z^0 = 1)$$

- 「$e^z$ と $e$」（定義，マクローリン展開）
$$e^z = \lim_{n \to \infty} \left(1 + \frac{z}{n}\right)^n = \sum_{n=0}^{\infty} \frac{z^n}{n!} = 1 + \frac{z}{1!} + \frac{z^2}{2!} + \cdots + \frac{z^n}{n!} + \cdots$$
$$e = \lim_{n \to \infty} \left(1 + \frac{1}{n}\right)^n = \sum_{n=0}^{\infty} \frac{1}{n!} = 1 + \frac{1}{1!} + \frac{1}{2!} + \cdots + \frac{1}{n!} + \cdots = 2.718\cdots$$

- 「ガンマ関数」：　$\Gamma(s) = \displaystyle\int_0^{\infty} x^{s-1} e^{-x} \, dx \quad (s > 0)$

  「性質」　$\Gamma(n) = (n-1)! \quad$（$n$ は自然数）
  $$\Gamma(s+1) = s\Gamma(s) \quad (s > 0) \quad , \quad \Gamma(1/2) = \sqrt{\pi}$$

- 「ベータ関数」：　$\mathcal{B}(x,y) = \displaystyle\int_0^1 t^{x-1}(1-t)^{y-1} \, dt \quad (x, y > 0)$

  「性質」　$\mathcal{B}(x,y) = \dfrac{\Gamma(x)\Gamma(y)}{\Gamma(x+y)}$

- 「積分公式」（正規分布に関連）
$$\int_{-\infty}^{\infty} e^{-x^2/2} \, dx = \sqrt{2\pi} \, , \qquad \int_{-\infty}^{\infty} e^{-x^2} \, dx = \sqrt{\pi}$$

# 目　　次

# Chapter 1  確率

用語／記号

「試行」 ・・・ 実験／観測などの行為

「事象」 ・・・ 試行によって起こる結果（の集合）

「標本空間」（全事象） ・・・ 試行によって起こるすべての場合の集合

$\Omega$ ・・・ 標本空間

$\sharp A$ ・・・ $A$ の要素の個数

$P(A)$ ・・・ 事象 $A$ の確率 （確率の定義は後述）

* この章に限らず，確率の記号として $P(\cdots)$ を使用する．

## 1.1 算術的確率

定義 （算術的確率） $\sharp\Omega$ は有限とし，同程度の起こりやすさを仮定する．
このとき，事象 $A$ の確率を $P(A) = \dfrac{\sharp A}{\sharp\Omega}$ と定める．

【ex.1-1】 サイコロを無作為に 2 回ふるとき，事象 $A$：1 回目が「1」の目
の確率を求めよ（標本空間なども設定せよ）．

解 （1 回目の目の数 , 2 回目の目の数）と表すと

$\Omega = \{(x,y) \mid x,y = 1,2,3,4,5,6\} = \{(1,1),(1,2),...,(6,6)\}$

$A = \{(1,1),(1,2),(1,3),(1,4),(1,5),(1,6)\}$ , $\sharp\Omega = 36$ , $\sharp A = 6$

無作為性より同程度の起こりやすさを認めると

$$P(A) = \frac{\sharp A}{\sharp\Omega} = \frac{6}{36} = \frac{1}{6}$$

**問 1.1**　サイコロを無作為に 2 回ふるとき，事象 $B$：2 回目に偶数の目が出る の確率を求めよ（**ex.1-1** の設定を利用）.

**問 1.2**　**ex.1-1**，問 1.1 の設定の下で，$A \cap B$ の確率を求めよ.

$\Big($ $A \cap B$ は $A$ と $B$ の共通部分で「$A$ と $B$ の積事象」と呼ばれる．$A, B$ の 条件がともに成り立つ事象であり，この場合 1 回目に「1」の目が出て 2 回目に偶数の目が出る，という事象である. $\Big)$

**問 1.3**　**ex.1-1**，問 1.1 の設定の下で，$A \cup B$ の確率を求めよ.

$\Big($ $A \cup B$ は $A$ と $B$ の和集合で「$A$ と $B$ の和事象」と呼ばれる．$A, B$ の 条件のどちらかが成り立つ（両方成り立つ場合も含む）事象であり， この場合 1 回目に「1」の目が出るか，または 2 回目に偶数の目が出る， という事象である. $\Big)$

**問 1.4**　**ex.1-1**，問 1.1 の設定の下で，$A^c$ の確率を求めよ.

$\Big($ $A^c$ は $A$ を除く集合で「$A$ の余事象」と呼ばれる．$A$ の条件が成り立たな い事象であり，この場合 1 回目に「1」の目が出ない，という事象である. $\Big)$

**問 1.5**　[1]〜[5] までの番号が書かれたカードが各 1 枚計 5 枚あるとし，無作為 に 2 枚選ぶとする．さらに

事象 $A$：2 枚の番号の和が偶数　，　事象 $B$：2 枚の番号の積が偶数 とする.

(1)　事象 $A, B$ の確率を求めよ.　　(2)　事象 $A \cap B$ の確率を求めよ.

(3)　事象 $A \cup B$ の確率を求めよ.　　(4)　事象 $A^c$ の確率を求めよ.

## 1.2　統計的確率　（経験的確率，実験的確率）

**定義**（統計的確率）　試行回数を $n$ とし，$n$ 回のうち事象 $A$ の起こる回数 を $n(A)$ とする．$n$ が大きいとき，$A$ の頻度 $\dfrac{n(A)}{n}$ がほぼ一定値 $\alpha$ であれ ば，事象 $A$ の確率を $P(A) = \alpha$ と定める.

　実験データを用いた確率で日常的に利用されている．例えば出生率，病気の 死亡率，チームの勝率などが挙げられるが，メカニズムが不明または複雑な場 合も考察できるという利点がある.

## 1.3    幾何的確率

定義 (幾何的確率)    $\Omega$ が区間 (1 次元)，領域 (2, 3 次元) の場合，一様の
起こりやすさを仮定するとき，事象 $A$ の確率を  $P(A) = \dfrac{|A|}{|\Omega|}$  と定める.

ここで $|A|$ は，1 次元では「$A$ の長さ」，2 次元では「$A$ の面積」，3 次元では
「$A$ の体積」を表す.

【ex.1-2】    区間 $[0, 1]$ から無作為に 1 点 $x$ をとるとき，$A : 0 \leqq x \leqq 1/3$
の確率を求めよ. また，$B : x = 1/2$  の確率を求めよ.

解
   $\Omega = [0, 1]$ , $A = [0, 1/3] = \{x \mid 0 \leqq x \leqq 1/3\}$, $B = \{1/2\}$
   無作為性より一様の起こりやすさがあるとみなす.
   $$P(A) = \frac{A \text{ の長さ}}{\Omega \text{ の長さ}} = \frac{1/3}{1} = \frac{1}{3} \quad , \quad P(B) = \frac{B \text{ の長さ}}{\Omega \text{ の長さ}} = \frac{0}{1} = 0$$

＊  起こらない事象の確率は 0 だが，確率 0 だからといって起こらないとは言えない.

【ex.1-3】    区間 $[0, 1]$ から無作為に 2 点 $x, y$ をとるとき，$x$ と $y$ の距離が
$1/2$ 以下となる確率を求めよ.  $(A = \{(x, y) \mid 0 \leqq x, y \leqq 1, \ |x - y| \leqq 1/2\})$

解
   $\Omega = \{(x, y) \mid 0 \leqq x, y \leqq 1\}$
   $A = \{(x, y) \mid 0 \leqq x, y \leqq 1,$
   $\qquad |x - y| \leqq 1/2\}$
   無作為性より一様の起こりやすさ
   があるとみなす. したがって
   $$P(A) = \frac{A \text{ の面積}}{\Omega \text{ の面積}} = \frac{3/4}{1} = \frac{3}{4}$$

問 **1.6** 区間 $[0,1]$ から無作為に 1 点 $x$ をとり，分割された 2 つの線分の長さの差（絶対値）が 1/4 以下となる確率を求めよ．

問 **1.7** 正方形領域 $\{(x,y)\,|\,0 \leqq x \leqq 1,\ 0 \leqq y \leqq 1\}$ から無作為に 1 点 $(x,y)$ を選ぶとき原点からの距離が 1 以下となる確率を求めよ．

問 **1.8** 正方形領域 $\{(x,y)\,|\,0 \leqq x \leqq 1,\ 0 \leqq y \leqq 1\}$ から無作為に 1 点 P を選ぶとき，原点 O と点 P を通る直線の傾きが 1 以上 2 以下となる確率を求めよ．

## 1.4 公理的確率

これまでの確率の定義は，あいまいさや矛盾的要素があり，また対象が制限されたり，仮定が付随していた．こうしたディメリットを考慮し公理的定義を導入する．これまでの定義の拡張かつ統一であるので，古典的定義にもそのまま意味をもたせることができる．

**定義**（コルモゴロフ (Kolmogorov) の定義）　$\Omega$ を集合とし，$\Omega$ の部分集合 $A$ に対して実数 $P(A)$ が対応し，次の条件をみたすとする：

(i)　　$0 \leqq P(A) \leqq 1$　　（$A$ は任意）

(ii)　　$P(\Omega) = 1$

(iii)　　$\Omega$ の部分集合 $A_1, A_2, \ldots$ が $A_i \cap A_j = \emptyset$　（$i \neq j$ のとき）

をみたすとき　$P\left(\bigcup_{n=1}^{\infty} A_n\right) = \sum_{n=1}^{\infty} P(A_n)$

このとき

　　$P(A)$ を「$A$ の確率」　　，　　$\Omega$ を「標本空間」（全事象）

　　$\Omega$ の部分集合を「事象」　　，　　(i), (ii), (iii) の条件を「確率の公理」

という．

\* 　事象 $A, B$ が $A \cap B = \emptyset$ をみたすとき「$A, B$ は互いに排反である」という．

　　また，「事象」の厳密な定義は省く．

定義　事象 $A, B$ に対して，

　　　$A \cup B$ を「$A, B$ の和事象」（$A, B$ 少なくとも一方が起こる事象）

　　　$A \cap B$ を「$A, B$ の積事象」（$A, B$ 両方が起こる事象）

　　　$A^c$ を「$A$ の余事象」（$A$ が起こらない事象）

という．

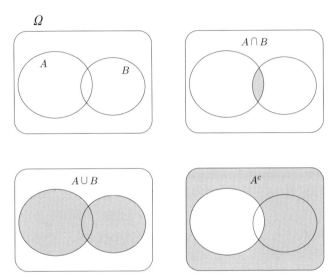

　公理的定義は「確率の公理」をみたす $P$ をすべて「確率」と呼ぶ，という定義で，確率の本質的性質は「確率の公理」の 3 条件に集約されたと言える．

性質 1-1 　　　（確率の基本的性質）

(1)　$P(A^c) = 1 - P(A)$

(2)　$P(\emptyset) = 0$

(3)　$A \subset B$ ならば $P(A) \leqq P(B)$

(4)　$P(A \cup B) = P(A) + P(B) - P(A \cap B)$

## 1.5 条件付き確率とベイズ (Bayes) の定理

定義 （条件付き確率）　事象 $A, B$ について $P(A) > 0$ のとき，$\dfrac{P(A \cap B)}{P(A)}$ を「条件 $A$ の下での $B$ の条件付き確率」といい，$P(B|A)$ と表す：

$$P(B|A) = \frac{P(A \cap B)}{P(A)}$$

＊　以下，条件の確率は 0 でないとする．条件は「考察対象の変化や制限」，「情報を得たことによる状況変化」などに対応する．

【ex.1-4】　サイコロを無作為に 1 回ふり

$$A：偶数の目が出る　，　　B：「2」の目が出る$$

とする．同程度の起こりやすさを認めて，$\Omega = \{1, 2, 3, 4, 5, 6\}$ とすると
$A = \{2, 4, 6\}$，$B = \{2\}$，$A \cap B = \{2\}$，$P(A \cap B) = \dfrac{1}{6}$，$P(A) = \dfrac{3}{6} = \dfrac{1}{2}$

$$P(B|A) = \frac{P(A \cap B)}{P(A)} = \frac{1/6}{1/2} = \frac{1}{3}$$

【ex.1-5】　オーディオメーカー 2 社 $B, C$ の（音楽）ポータブルプレーヤーのシェアがそれぞれ 45 %, 28 % であるとき，

$$\Omega：オーディオ製品全体　，　　A：ポータブルプレーヤー$$

とすると，$P(B|A) = 0.45$, $P(C|A) = 0.28$ と表すことができる．

定理 1-2

(1)　（乗法定理）　$P(A \cap B) = P(A)P(B|A) = P(B)P(A|B)$

(2)　（全確率の公式）

$A_1, ..., A_n$ が互いに排反で
$$\left( A_i \cap A_j = \emptyset \quad (i \neq j) \right)$$
$$\bigcup_{j=1}^{n} A_j = \Omega \text{ のとき}$$
$$P(B) = \sum_{j=1}^{n} P(A_j) P(B|A_j)$$

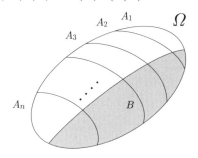

定理 1-3 （ベイズ (Bayes) の定理）

$A_1, ..., A_n$ が互いに排反 $\left( A_i \cap A_j = \emptyset \ (i \neq j) \right)$ で $\bigcup_{j=1}^{n} A_j = \Omega$ のとき

$$P(A_k|B) = \frac{P(A_k)P(B|A_k)}{\sum_{j=1}^{n} P(A_j)P(B|A_j)} = \frac{P(A_k)P(B|A_k)}{P(A_1)P(B|A_1) + \cdots + P(A_n)P(B|A_n)}$$

$$(k = 1, 2, ..., n)$$

\* 特に，事象 $A, B$ について $P(A|B) = \dfrac{P(A)P(B|A)}{P(A)P(B|A) + P(A^c)P(B|A^c)}$

【ex.1-6】 ある感染症の全体での感染率が 10 ％だとする．1 次検査で，感染している人はすべて陽性反応が出るが，病気でない人の 5 ％は間違って陽性反応が出るとする（誤認率 5 ％）．このとき，1 次検査で陽性反応が出た人のうち，感染している人の割合を求めよ．

解
$A$：感染している   , $A^c$：感染していない
$B$：陽性（要再検査） , $B^c$：陰性（問題なし）
とすると，

$$P(A) = 0.1, \ P(A^c) = 0.9, \ P(B|A) = 1, \ P(B|A^c) = 0.05$$

陽性反応が出た人のうち感染している人の割合は，ベイズの定理より

$$P(A|B) = \frac{P(A)P(B|A)}{P(A)P(B|A) + P(A^c)P(B|A^c)}$$

$$= \frac{0.1 \times 1}{0.1 \times 1 + 0.9 \times 0.05} = \frac{20}{29} \fallingdotseq 0.69 \quad (約 69 ％)$$

問 1.9 ex.1-6 の設定で，全体での感染率が 2 ％のとき，1 次検査で陽性反応が出た人のうち，感染している人の割合を求めよ．

問 **1.10** あるサッカーチームの 1 点差以内の試合での勝率が 70 %，2 点差以上の試合での勝率が 50 %とする．また，1 点差以内の試合の割合は 60 %だった．これらのことから，勝ち試合のうち 1 点差以内の試合の割合を求めよ．

問 **1.11** 自動車メーカー $A, B, C$ と「その他のメーカー」のシェアはそれぞれ 40 %，30 %，20 %，10 %であるとする．また，各メーカーの軽自動車の比率は 30 %，50 %，40 %，60 % であるとする．このとき，軽自動車での $A$ 社のシェア（割合）を求めよ．

## 1.6 独立性

定義 （事象の独立性：2 つの場合）　事象 $A, B$ が

$$P(A \cap B) = P(A)P(B)$$

をみたすとき「事象 $A, B$ は独立である」という．

・　独立でないとき「従属である」という．

定理 1–4　事象 $A, B$ が独立であることは

$$\boxed{P(B|A) = P(B)} \quad \left( P(A|B) = P(A) \right)$$

と同値である．ただし $P(A) \neq 0$ $(P(B) \neq 0)$ とする．

上の定理は「条件の有無が確率に影響しない」ことを意味している．したがって

「$A, B$ が独立である」とは
「$A, B$ が互いに確率的な影響を与えないこと」である．

定義 （事象の独立性：$n$ 個の場合）    $n$ 個の事象 $A_1, ..., A_n$ から 2 つ以上選び $B_1, B_2, ..., B_k \ (2 \leqq k \leqq n)$ と表したとき

$$P(B_1 \cap B_2 \cap \cdots \cap B_k) = P(B_1)P(B_2) \cdots P(B_k)$$

がすべての選び方について成り立つとき「事象 $A_1, ..., A_n$ は独立である」という.

定義 （試行の独立性）    $n$ 回の試行：$X_1, ..., X_n$ を考える．各 $X_j$ に対する事象を $A_j \ (j = 1, ..., n)$ と表す．すべての事象の組み合わせを考え，そのすべての場合に $A_1, ..., A_n$ が独立であるとき「$n$ 回の試行：$X_1, ..., X_n$ は独立である」という.

> 同一条件下で同じ試行を繰り返す場合に
> 「無作為（ランダム）」であれば「試行は独立である」とみなす.

【ex.1-7】    サイコロを無作為に 5 回ふるとき「1」の目が 3 回出る確率を求めよ.

解    無作為性から，この 5 回の試行は独立であると考える.
「1」の目が 3 回出る確率は    ${}_5C_3 \left( \dfrac{1}{6} \right)^3 \left( \dfrac{5}{6} \right)^2 = \dfrac{125}{3888} \ (\fallingdotseq 0.032)$

| 1 st | 2 nd | 3 rd | 4 th | 5 th |
|---|---|---|---|---|
| $\boxed{1}$ | $\boxed{2} \sim \boxed{6}$ | $\boxed{1}$ | $\boxed{1}$ | $\boxed{2} \sim \boxed{6}$ |
| $\dfrac{1}{6}$ | $\dfrac{5}{6}$ | $\dfrac{1}{6}$ | $\dfrac{1}{6}$ | $\dfrac{5}{6}$ |

問 1.12    無作為にコイントスを 6 回行うとき，表が 4 回出る確率を求めよ.

問 1.13    5 人が順にサイコロを無作為にふり「1」か「6」の目が出たらゲームから降りるとする．1 人 1 回ずつ計 5 回行ったとき，ゲーム参加者が残り 3 人である確率を求めよ.

補足 （非復元抽出の場合） 比率調査やくじ引きなどで非復元抽出をする場合，一般には無作為性があっても独立性を利用できない．設定／状況が変化し，1 つの結果がその他の試行に「確率的影響」を与えるからである．

（「非復元抽出」 一度選んだ対象物（対象者）はそのあと対象外とする抽出法）

ただし，確率の影響が微小で無視できる場合は特に問題にはならない（世論調査など）．非復元抽出の場合でも，試行回数（調査人数など）に比べて全体の個数が膨大であれば，確率の影響は微小であり「無作為性」から「試行は独立である」とみなしてよい．

【ex.1-8】 無作為に 5 人選んだとき，血液型が $A$ 型の人が 3 人いる確率を求めよ．血液型が $A$ 型である確率は 0.4 とする．

---

**解** （確率が一定で）無作為に選んでいるから独立であると考える．

$$_5C_3(0.4)^3(0.6)^2 = \frac{144}{625} \qquad \left(≒ 0.23\right)$$

---

**問 1.14** ある大学で奨学生の比率は 40 ％であるとする．いま，無作為に 4 人選んだとき奨学生が 2 人である確率を求めよ．全学生数は 5000 人以上（多数）とする．

**問 1.15** ある政策の支持率が 50 ％だとする．有権者の中から無作為に 10 人選んだとき支持する人が 4 人以上 6 人以下である確率を求めよ．

**問 1.16** 最近行われた知事選挙の投票率は 60 ％であった．有権者の中から無作為に 10 人選んだとき投票した人が 9 人以上である確率を求めよ．

# Chapter 2　確率分布と平均・分散

　この章では，確率分布の基本的事項を扱う．標本空間 $\Omega$ と確率 $P$ は与えられているとする．

## 2.1　確率変数と確率分布

定義 （確率変数，確率分布）

(1)　$\Omega$ で定義された関数　$X = X(\omega)\ (\omega \in \Omega)$　を「確率変数」[1] という．

(2)　確率変数 $X$ に対して，<u>$X$ についての事象</u> $A$ とその確率 $P(A)$ との対応（対応規則）を「$X$ の確率分布」という．

\*　確率変数は考察対象を変数化したもので，確率（確率密度）を伴う変数である．$X$ の確率分布は「$X$ の値の確率的な散らばり（分布）」を意味する．

【ex.2-1】　街角でランダムに選んだ 20 人にインタビューして「現内閣を支持する人数」$X$ は確率変数である．仮に全体での支持率が 40 % だとすると

$$(\diamondsuit) \qquad \boxed{P(X = k) = {}_{20}C_k (0.4)^k (0.6)^{20-k} \quad (k = 0, 1, 2, ..., 20)}$$

である．

【ex.2-2】　ある製品の故障時間間隔 $X$，ある薬品の濃度を測定する機械の誤差 $Y$，フル充電後のスマホの連続通話時間 $Z$ も確率変数になる．$X$ のとりうる値の範囲は区間 $(0, \infty)$ である．

---

　[1]　主として，確率変数は大文字で表す．

## 2.2 離散型確率分布

定義 （離散型確率分布，確率関数）

(1)　確率変数 $X$ のとりうる値が「離散的」な場合，$X$ を「離散型確率変数」といい，その確率分布を「離散型確率分布」という.

(2)　$X$ のとりうる値全体を $\{x_1, x_2, x_3, ..., x_k, ...\}$ とするとき

$$P(X=x_k)=p_k \quad (k=1,2,3,...)$$

を「$X$ の確率関数」（または，離散型確率密度関数）という.

・ $\{x_1, x_2, x_3, ..., x_k, ...\}$ という表記は，有限個の場合も含む. また，各 $x_k$ は整数値を考える場合が多い： $P(X=k)=p_k$ （$k$ は整数）

・ **ex.2-1** の ($\Diamond$) は $X$ の確率関数である.

・ $\sum_k p_k = 1$ であることを注意しておく.

**【ex.2-3】**　$X$ の確率関数が　$P(X=k)=\dfrac{{}_3C_k}{8}$　$(k=0,1,2,3)$
のとき，$P(1 \leqq X \leqq 2)$ の値を求めよ.

解　$P(1 \leqq X \leqq 2) = P(X=1)+P(X=2) = \dfrac{3}{8}+\dfrac{3}{8}=\dfrac{3}{4}$

**問 2.1**　$X$ の確率関数が $P(X=k)=\dfrac{k}{10}$ $(k=1,2,3,4)$　のとき $P(X \geqq 3)$ の値を求めよ.

**問 2.2**　一定時間内に学生課の窓口に来る学生数を $X$ とし，確率関数を

$$P(X=k)=e^{-3}\dfrac{3^k}{k!} \quad (k=0,1,2,...)$$

とする. このとき 2 人以上来る確率を求めよ.

**問 2.3**　水槽に 10 匹の魚が泳いでいて，2 匹にマークを付けているが見た目だけでは分からないとする. この中から無作為に 3 匹選んだとき，マークが付いている魚の数を $X$ とする.
　(1) $X$ の確率関数を求めよ.　(2) $P(1 \leqq X \leqq 2)$ の値を求めよ.

**問 2.4**　確率関数が　$P(X=k)=\dfrac{c}{3^k}$ $(k=1,2,...)$　のとき
　(1)　$c$ の値を求めよ.　　(2)　$P(X \geqq 3)$ の値を求めよ.

## 2.3 連続型確率分布

$X$ のとりうる値の全体が区間のように連続的な場合，起こりえない範囲で確率を $0$ とし，<u>$X$ の範囲は実数全体 $\boldsymbol{R}$ とする</u>.

定義 （密度関数，連続型確率分布）

確率変数 $X$ のとりうる値が連続的で，関数 $f(x)$ $(x \in \boldsymbol{R})$ が次の 3 条件：

---

(1) $\quad f(x) \geqq 0 \qquad (x \in \boldsymbol{R})$

(2) $\quad \displaystyle\int_{-\infty}^{\infty} f(x)\, dx = 1$

(3) $\quad P(a \leqq X \leqq b) = \displaystyle\int_{a}^{b} f(x)\, dx$ $\quad$（ $a \leqq b$ となる $a, b$ は任意）

---

をみたすとき，$f(x)$ を「$X$ の密度関数」（確率密度関数）という.

確率変数 $X$ の密度関数が存在するとき，$X$ を「連続型確率変数」，$X$ の確率分布を「連続型確率分布」という.

性質 2-1 $\qquad P(X = a) = 0 \qquad$（$a$ は任意の実数）

\* $\quad P(a \leqq X \leqq b) = P(a < X \leqq b) = P(a \leqq X < b) = P(a < X < b)$

【ex.2-4】 ある製品の故障時間間隔 $X$ （年）の密度関数が

$$f(x) = \begin{cases} e^{-x} & (x > 0) \\ 0 & (x \leqq 0) \end{cases} \qquad \text{のとき} \quad P(1/2 \leqq X \leqq 1) \text{ の値を求めよ.}$$

解
$$\begin{aligned} P(1/2 \leqq X \leqq 1) &= \int_{1/2}^{1} f(x)\, dx = \int_{1/2}^{1} e^{-x}\, dx \\ &= \left[ -e^{-x} \right]_{1/2}^{1} \\ &= e^{-1/2} - e^{-1} \fallingdotseq 0.239 \end{aligned}$$

**問 2.5**  ランダムな正の数値の小数第 1 位を四捨五入したとき，

誤差 $X$ の密度関数は  $f(x) = \begin{cases} 1 & (-0.5 \leq x < 0.5) \\ 0 & (x < -0.5,\ 0.5 \leq x) \end{cases}$  である．

$P(-0.2 \leq X \leq 0.1)$ の値を求めよ．

**問 2.6**  $X$ の確率密度関数が  $f(x) = \begin{cases} ax^{-5} & (x \geq 1) \\ 0 & (x < 1) \end{cases}$  のとき，

定数 $a$ を求めて，$P(1 \leq X \leq 2)$ と $P(X \geq 2)$ の値を計算せよ．

**問 2.7**  ある機械は時間経過によって故障が起こりやすくなり，故障するまで

の時間 $X$（ヶ月）の密度関数を  $f(x) = \begin{cases} 2x \exp(-x^2) & (x > 0) \\ 0 & (x \leq 0) \end{cases}$  とする．

$P(1 \leq X \leq 3)$ の値を求めよ．

## 2.4 平均

確率変数 $X$ の「中心」を表す値（「代表値」という）として「平均」について述べる．「平均」は「期待値」とも呼ばれる．

### 離散型の場合

$X$ の確率関数を  $\boxed{P(X = x_k) = p_k \quad (k = 1, 2, 3, \ldots)}$  とする．

定義  $\displaystyle\sum_k x_k p_k = x_1 p_1 + x_2 p_2 + \cdots$  を「$X$ の平均」といい，

$m$ または $E[X]$ と表す：  $\boxed{m = E[X] = \displaystyle\sum_k x_k p_k}$

（有限和の場合も含む）

**【ex.2-5】**  $P(X = 1) = 0.6,\ P(X = 2) = 0.3,\ P(X = 3) = 0.1$  のとき，

平均 $E[X]$ を計算せよ．

解    $E[X] = 1 \times 0.6 + 2 \times 0.3 + 3 \times 0.1 = 1.5$

**【ex.2-6】** 昼休みに学生課の窓口に来る学生数を $X$ とし，確率関数を $P(X=k) = e^{-3}\dfrac{3^k}{k!}$ $(k=0,1,2,...)$ とする．平均 $E[X]$ を求めよ．[2]

**解**

$$
\begin{aligned}
E[X] &= \sum_{k=0}^{\infty} k p_k = e^{-3} \sum_{k=0}^{\infty} k \cdot \frac{3^k}{k!} = e^{-3} \sum_{k=1}^{\infty} k \cdot \frac{3^k}{k!} \\
&= e^{-3} \sum_{k=1}^{\infty} \frac{3^k}{(k-1)!} \\
&= 3e^{-3} \sum_{j=0}^{\infty} \frac{3^j}{j!} \qquad (k-1 = j \text{ とおいた}) \\
&= 3e^{-3}e^3 = 3
\end{aligned}
$$

**問 2.8** $P(X=-1) = 0.5,\ P(X=0) = 0.2,\ P(X=3) = 0.3$ のとき，平均 $E[X]$ を求めよ．

**問 2.9** プロ野球日本シリーズは 7 戦のうち 4 勝した方が優勝であるが，各試合が独立で 2 チームが互角と仮定した場合，優勝が決まるのが第 $X$ 戦とすると
$$P(X=4) = \frac{1}{8}\ ,\ P(X=5) = \frac{1}{4}\ ,\ P(X=6) = \frac{5}{16}\ ,\ P(X=7) = \frac{5}{16}$$
である．平均 $E[X]$ を求めよ．

**問 2.10**[3] 確率関数が $P(X=k) = \dfrac{1}{2^k}$ $(k=1,2,...)$ のとき，平均 $E[X]$ を求めよ．

**問 2.11**[3] ある扉は正しい番号を入力することで開けることができるが，1 回入力するたびに設定番号がランダムに変わるとし，番号は 4 種類あるとする．$X$ 回目にはじめて開くとき，$X$ の確率関数と平均 $E[X]$ を求めよ．

**問 2.12**[3] あるお菓子におまけが 1 つ付いているとし，おまけの種類は全部で 3 種類あるとする．3 種類がはじめて揃うときにそれまでに買った個数を確率変数 $X$ とすると $P(X=k) = \left(\dfrac{2}{3}\right)^{k-1} - 2\left(\dfrac{1}{3}\right)^{k-1}$ である．ただし，$k = 3,4,5,...$ このとき平均 $E[X]$ を求めよ．（つまり，3 種類揃えるのに平均何個買えばよいか？）

---

[2] $e^z = \displaystyle\sum_{j=0}^{\infty} \frac{z^j}{j!} = 1 + z + \frac{z^2}{2!} + \cdots + \frac{z^j}{j!} + \cdots$ $(z \in \boldsymbol{R})$

[3] $\displaystyle\sum_{k=1}^{\infty} z^{k-1} = \frac{1}{1-z}$ , $\displaystyle\sum_{k=1}^{\infty} k z^{k-1} = \frac{1}{(1-z)^2}$ $(|z| < 1,\ \text{ただし } z^0 = 1)$

連続型の場合

$X$ の密度関数を $f(x)$ とする. このとき次のように平均を定義する.

定義  $\displaystyle\int_{-\infty}^{\infty} xf(x)\,dx$  を「$X$ の平均」といい, $m$ または $E[X]$ と表す:

$$m = E[X] = \int_{-\infty}^{\infty} xf(x)\,dx$$

【ex.2-7】 (ex.2-4)  ある製品の故障時間間隔 $X$（年）の密度関数が

$$f(x) = \begin{cases} e^{-x} & (x > 0) \\ 0 & (x \leqq 0) \end{cases}$$ であるとき, 平均 $E[X]$ を求めよ.

解

$$\begin{aligned} E[X] &= \int_0^{\infty} x \cdot e^{-x}\,dx = \left[-xe^{-x}\right]_0^{\infty} + \int_0^{\infty} e^{-x}\,dx \\ &= 0 + \left[-e^{-x}\right]_0^{\infty} = 1 \end{aligned}$$

問 2.13  ある薬局の窓口に処方箋をもってくる人の時間間隔を $X$（分）とし, $X$ の密度関数が  $f(x) = \begin{cases} 2e^{-2x} & (x > 0) \\ 0 & (x \leqq 0) \end{cases}$  であるとき, $E[X]$ を計算せよ.

問 2.14  駅に着いてからの電車の待ち時間を $X$（分）とし, $X$ の密度関数を
$f(x) = \begin{cases} \dfrac{1}{10} & (0 < x \leqq 10) \\ 0 & (x \leqq 0,\ 10 < x) \end{cases}$  とする. 平均 $E[X]$ を計算せよ.

問 2.15  $X$ の密度関数が次の場合, 平均 $E[X]$ を求めよ. $\alpha$ は正定数とする.

(1) $f(x) = \begin{cases} 4x^{-5} & (x \geqq 1) \\ 0 & (x < 1) \end{cases}$  (2) $f(x) = \begin{cases} \dfrac{1}{\Gamma(\alpha)} x^{\alpha-1}e^{-x} & (x > 0) \\ 0 & (x \leqq 0) \end{cases}$

問 2.16  観測誤差 $Y$ に対し, $X = |Y|$ を考えることがしばしばある. $X$ の密度関数が

$$f(x) = \begin{cases} \sqrt{\dfrac{2}{\pi}} \exp\left(-\dfrac{x^2}{2}\right) & (x \geqq 0) \\ 0 & (x < 0) \end{cases}$$

であるとする. 平均 $E[X]$ を求めよ.

## 2.5 $Y = g(X)$ の平均

定義 確率変数 $Y = g(X)$ の平均 $E[Y]$ を次のように定める.

【離散型の場合】 $\quad E[Y] = \sum_k g(x_k)p_k \quad (P(X=x_k) = p_k \quad (k = 1, 2, ...))$

【連続型の場合】 $\quad E[Y] = \displaystyle\int_{-\infty}^{\infty} g(x)f(x)\,dx \qquad (f(x) : X\,$の密度関数$)$

＊ 特に次の場合の平均には名称が付いている（後述のものを含む）.

$g(x) = (x-m)^2 \quad (m = E[X]) \quad E[(X-m)^2] \quad \cdots \quad$「$X$ の分散」

$g(x) = e^{tx} \qquad\qquad\qquad E[e^{tX}] \qquad\qquad \cdots \quad$「$X$ の積率母関数」

$g(x) = e^{itx} \quad (i$ は虚数単位$) \quad E[e^{itX}] \qquad\quad \cdots \quad$「$X$ の特性関数」

$g(x) = x^n \quad (n$ は自然数$) \qquad E[X^n] \qquad\qquad \cdots \quad$「$X$ の $n$ 次積率」

## 2.6 分散・標準偏差

　ここでは確率変数 $X$ の「ばらつき」の尺度（「散布度」と呼ばれる）について述べる. 例えば, テストの得点分布をヒストグラムで表したとき, 次の図のように平均点が同じでも分布の様子はかなり異なる.

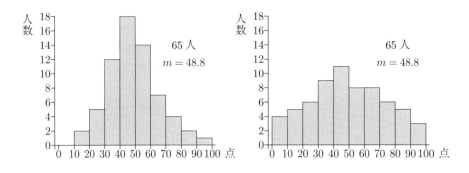

　ばらつきが小さければ平均点付近に集中し, ばらつきが大きければ高得点から低得点まで幅広い（場合によっては, こうなるとは限らない）. こうした

「ばらつき」を数値で表すことを考える.

---

定義 （分散／標準偏差）　確率変数 $X$ に対し　$E[(X-m)^2]$　（ただし $m = E[X]$）を「$X$ の分散」といい，$\sigma^2$ または $V[X]$ と表す:

$$\sigma^2 = V[X] = E[(X-m)^2]$$

また $\sigma = \sqrt{V[X]} = \sqrt{E[(X-m)^2]}$ を「$X$ の標準偏差」という.

\*　分散も標準偏差も平均からの距離を利用したばらつきの尺度であるが，標準偏差は $X$ と「同じ単位」をもち，分散は $X$ と「異なる単位」をもつ.

---

平均／分散／標準偏差

【離散型の場合】　$X$ の確率関数:$P(X = x_k) = p_k$　$(k = 1, 2, 3, ...)$

$$m = E[X] = \sum_k x_k p_k \quad , \quad \sigma^2 = V[X] = \sum_k (x_k - m)^2 p_k$$

【連続型の場合】　$X$ の密度関数:$f(x)$

$$m = E[X] = \int_{-\infty}^{\infty} x f(x) \, dx \quad , \quad \sigma^2 = V[X] = \int_{-\infty}^{\infty} (x-m)^2 f(x) \, dx$$

\*　いずれの場合も標準偏差は $\sigma = \sqrt{\sigma^2}$

---

平均，分散に関連する性質を述べておく（$a, b$ は定数）.

---

性質 2-2　　(1)　　$E[aX + b] = aE[X] + b$

　　　　　　(2)　　$V[aX + b] = a^2 V[X]$

性質 2-3　　$V[X] = E[X^2] - (E[X])^2$

一一一一一一一一一一一一一一一一一一一
離散型の場合
一一一一一一一一一一一一一一一一一一一

【ex.2-8】 (ex.2-5 )　$P(X=1)=0.6,\ P(X=2)=0.3,\ P(X=3)=0.1$
のとき分散 $V[X]$ を計算せよ.

解
$$E[X]=1\times 0.6+2\times 0.3+3\times 0.1=1.5$$
$$E[X^2]=1^2\times 0.6+2^2\times 0.3+3^2\times 0.1=2.7$$
$$V[X]=E[X^2]-E[X]^2=2.7-1.5^2=0.45$$

【ex.2-9】 (ex.2-6 )　$X$ の確率関数が
$$P(X=k)=e^{-3}\frac{3^k}{k!}\quad (k=0,1,2,...)$$
のとき分散 $V[X]$ を計算せよ.

解
$$E[X]=\sum_{k=0}^{\infty}kp_k=e^{-3}\sum_{k=0}^{\infty}k\cdot\frac{3^k}{k!}=e^{-3}\sum_{k=1}^{\infty}k\cdot\frac{3^k}{k!}$$
$$=e^{-3}\sum_{k=1}^{\infty}\frac{3^k}{(k-1)!}=3e^{-3}\sum_{j=0}^{\infty}\frac{3^j}{j!}\quad (k-1=j\ \text{とおいた})$$
$$=3e^{-3}e^3=3$$
$$E[X^2]=\sum_{k=0}^{\infty}k^2p_k=e^{-3}\sum_{k=1}^{\infty}k\cdot\frac{3^k}{(k-1)!}=3e^{-3}\sum_{j=0}^{\infty}(j+1)\frac{3^j}{j!}$$
$$=3E[X]+3E[1]=9+3=12\quad (k-1=j\ \text{とおいた})$$
$$V[X]=E[X^2]-E[X]^2=12-3^2=3$$

問 **2.17**　(p.15, 各問の設定で) $X$ の分散を求めよ.
(1) (問 2.8)　$P(X=-1)=0.5,\ P(X=0)=0.2,\ P(X=3)=0.3$
(2) (問 2.10)　$P(X=k)=\dfrac{1}{2^k}\quad (k=1,2,...)$
(3) 問 2.11 の $X$

*20*

連続型の場合

【ex.2-10】 (ex.2-7 )　$X$ の密度関数が　$f(x) = \begin{cases} e^{-x} & (x > 0) \\ 0 & (x \leqq 0) \end{cases}$
であるとき $X$ の分散と標準偏差を求めよ.

解
$$E[X] = \int_0^\infty x e^{-x}\, dx = \left[-x e^{-x}\right]_0^\infty + \int_0^\infty e^{-x}\, dx = 0 + \left[-e^{-x}\right]_0^\infty = 1$$
$$E[X^2] = \int_0^\infty x^2 e^{-x}\, dx = \left[-x^2 e^{-x}\right]_0^\infty + \int_0^\infty 2x e^{-x}\, dx$$
$$= \int_0^\infty 2x e^{-x}\, dx = 2\, E[X] = 2$$
$$\sigma^2 = V[X] = E[X^2] - E[X]^2 = 2 - 1^2 = 1 \;,\; \sigma = \sqrt{V[X]} = 1$$

問 2.18　$X$ の密度関数が次の場合に $X$ の分散と標準偏差を求めよ.

(1)　(問 2.15(1))　$f(x) = \begin{cases} 4x^{-5} & (x \geqq 1) \\ 0 & (x < 1) \end{cases}$

(2)　(問 2.14)　$f(x) = \begin{cases} \dfrac{1}{10} & (0 < x \leqq 10) \\ 0 & (x \leqq 0,\ 10 < x) \end{cases}$

(3)　(問 2.13)　$f(x) = \begin{cases} 2e^{-2x} & (x > 0) \\ 0 & (x \leqq 0) \end{cases}$

【ex.2-11】　$E[X] = 3,\ V[X] = 5$ のとき，$Y = -2X + 3$ の平均と分散を
求めよ.　　＊　性質 2-2 を利用する.

解
$$E[Y] = E[-2X + 3] = -2E[X] + 3 = -2 \times 3 + 3 = -3$$
$$V[Y] = V[-2X + 3] = (-2)^2 V[X] = 4 \times 5 = 20$$

問 2.19　$E[X] = -2,\ V[X] = 3$ のとき，次の確率変数の平均と分散を求めよ.
(1)　$Y = 5X + 1$　　　(2)　$Y = -X + 3$　　　(3)　$Y = -3X + 4$

## 2.7　標準化

　「標準化」は相対比較に有効であり，また正規分布の確率計算や推定，検定などにも利用される．

定義 （標準化）　確率変数 $X$ に対し $\boxed{Z = \dfrac{X-m}{\sigma}}$ という変換を「$X$ の標準化」という（ここで，$m = E[X], \sigma = \sqrt{V[X]}$）．

性質 2-4 （1）$E[Z] = 0,\ V[Z] = 1$　　（2）$Z$ の単位は無次元である．

　（1）より「中心」を表す平均，「ばらつき」を表す分散が一定の値になり，（2）より「単位」の選び方に左右されないことから，相対比較しやすくなる．

　さらに，次章で扱う「正規分布」と呼ばれる確率分布では，標準化によってまったく同じ確率分布になり，相対比較に都合がよい条件が揃うことになる．つまり，標準化は「正規分布」の場合にとりわけ有効な道具となる．

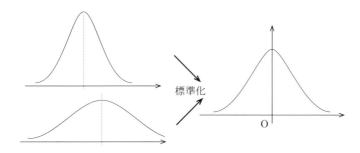

　同様の相対比較の道具として「偏差値」がある．

定義 （偏差値）　確率変数 $X$ に対し $\boxed{T = 50 + 10 \times \dfrac{X-m}{\sigma}}$ という変換を「$X$ の偏差値変換」といい，確率変数 $T$ またはその値を「偏差値」という．

**性質** 2−5  (1) $E[T] = 50,\ V[T] = 100,\ \sqrt{V[T]} = 10$

(2) $T$ の単位は無次元である.

- 近似的にでも「正規分布」にしたがうという仮定の下で利用すること
- 相対比較に利用すること

の 2 点に留意する必要がある. また, 全体の平均, 分散が既知の場合やほかにデータがある場合はその値を用いる. 上位何%の位置にあるか, という情報から正規分布にあてはめて計算する方法もしばしば利用される.

**【ex.2-12】** 統計学のテストの点数 $X$ について ($X$ が正規分布にしたがうとし)

$$m = E[X] = 54.3,\ \sigma^2 = V[X] = 520.11,\ \sigma = 22.8$$

のとき, 75 点の人の偏差値は $T = 50 + 10 \cdot \dfrac{75 - 54.3}{22.8} = 59.1$ となる.

---

**問 2.20** 次の場合に, $X$ を標準化した変数 $Z$ を $X$ を用いて表せ.
(1)  $m = E[X] = 1$, $\sigma^2 = V[X] = 2$ のとき.
(2)  $m = E[X] = -3$, $\sigma^2 = V[X] = 1/4$ のとき.

**問 2.21** 次の値を求めよ.
(1)  あるクラスの数学のテストの点数 $X$ について

$$m = E[X] = 55.4,\ \sigma^2 = V[X] = 552.73,\ \sigma = 23.5$$

のとき, 78 点の人の偏差値を計算せよ ($X$ は正規分布にしたがうとする).
(2)  あるクラスの物理のテストの点数 $X$ について  $m = 48.1, \sigma = 18.5$ のとき, 62 点の人の偏差値を計算せよ ($X$ は正規分布にしたがうとする).

**問 2.22** ある模試の英語の点数について, 平均点が 52.5 点で, A 君は 65 点で偏差値が 56.8 だった. A 君はあと何点とれば偏差値が 60 以上になるか?整数値で求めよ. (A 君の点数変化は全体の平均, 標準偏差に影響しないとする.)

## 2.8 積率母関数

定義　確率変数 $X$ に対し，$E[e^{tX}]$ を「$X$ の積率母関数」といい，$M_X(t)$ と表す：

$$X \text{ の積率母関数}\quad M_X(t) = E[e^{tX}]$$

【離散型の場合】　$X$ の確率関数が $P(X=x_k) = p_k \quad (k=1,2,...)$ のとき

$$M_X(t) = E[e^{tX}] = \sum_k e^{tx_k} p_k$$

【連続型の場合】　$X$ の密度関数が $f(x)$ のとき

$$M_X(t) = E[e^{tX}] = \int_{-\infty}^{\infty} e^{tx} f(x)\, dx$$

【確率分布と 1 対 1 対応となる関数】
- 確率関数（離散型）　／　密度関数（連続型）
- 積率母関数

定理 2-6　$M_X^{(n)}(0)$ は $t=0$ での第 $n$ 次微分係数とする．

(1)　$M_X^{(n)}(0) = E[X^n] \quad (n=1,2,...)$

(2)　$E[X] = M_X'(0) \quad,\quad V[X] = M_X''(0) - (M_X'(0))^2$

【ex.2-13】　$X$ の密度関数が　$f(x) = \begin{cases} 2e^{-2x} & (x>0) \\ 0 & (x \leqq 0) \end{cases}$　のとき

$$M_X(t) = \int_0^{\infty} e^{tx} \cdot 2e^{-2x}\, dx = \frac{2}{2-t} \quad (t<2)$$

$M_X'(0) = M_X''(0) = 1/2,\ E[X] = 1/2\,,\ V[X] = 1/2 - (1/2)^2 = 1/4$

# Chapter 3　主要な確率分布

この章では基本的で重要な確率分布を扱う．実際の統計データを扱うときにはさらに様々な確率分布が登場するが，それらは他の文献（例えば文献 [3]）を参照してもらいたい．

## 3.1　2 項分布　$B(n, p)$

定義　$X$ を確率変数，$n$ を自然数，$0 < p < 1$ とする．このとき

確率関数　$\boxed{P(X=k) = {}_nC_k\, p^k(1-p)^{n-k} \qquad (k=0,1,2,...,n)}$

によって定まる確率分布を「2 項分布」といい，本書では $\boxed{B(n,p)}$ と表す．

\* 　「$X$ は 2 項分布 $B(n,p)$ にしたがう」という表現も使う．
　　これは「$X$ の確率分布は 2 項分布 $B(n,p)$ である」と同義であり，
　　他の分布でも同様である．

性質　3-1　　$X$ が 2 項分布 $B(n,p)$ にしたがうとき

$\boxed{E[X] = np\ ,\ \ V[X] = npq\ ,\ \ M_X(t) = (pe^t + q)^n}$ 　（ここで $q = 1 - p$）

【ex.3-1】　サイコロを無作為に 10 回ふったとき「1」の目が出る回数を $X$ とすると　$P(X=k) = {}_{10}C_k \left(\dfrac{1}{6}\right)^k \left(\dfrac{5}{6}\right)^{10-k}$ $(k=0,1,2,...,10)$ 　である．したがって，$X$ は 2 項分布 $B\left(10, \dfrac{1}{6}\right)$ にしたがう．

事項 ┃3-2┃【2 項分布が現れる例】

> (I)　試行を独立に繰り返すとき，ある事象が起こる回数
>
> (II)　ランダムサンプルの中で，ある特性をもつ個体数

## (I)　試行を独立に繰り返すとき，ある事象が起こる回数

　同じ条件下で試行を独立に（無作為に）$n$ 回繰り返すとき，ある 1 つの事象 $A$ に着目すると $n$ 回のうち $A$ が起こる回数 $X$ は 2 項分布 $B(n,p)$ にしたがう．ただし，1 回の試行での $A$ の確率を $p$ とし，各回で一定とする．

$P(X = k)$

| 1 st | 2 nd | 3 rd | 4 th | $\cdots$ | $n$ th |
|------|------|------|------|------|------|
| ○ | × | ○ | ○ |  | × |
| $p$ | $1-p$ | $p$ | $p$ |  | $1-p$ |

> ○ は $A$ に対応
> ○ が $k$ 個
> × が $n-k$ 個
> 組合せも考慮

　例えば

- サイコロを無作為に $n$ 回ふるとき「1」の目が出る回数
- 的にあたる確率が一定のとき，$n$ 回独立にダーツを投げて的にあたる回数
- 5 回独立に演奏して間違えない回数（間違えない確率が一定のとき）

## (II)　ランダムサンプルの中で，ある特性をもつ個体数

> ＊　無作為に（ランダムに）選び出された個体の集まりを「ランダムサンプル」と呼び，選び出すことを「抽出」という（5 章）．

　全体（母集団）から無作為に選んだ $n$ 個体の中で，ある特性 $A$ をもつ個体数 $X$ は 2 項分布 $B(n,p)$ にしたがう．ここで，各個体が特性 $A$ をもつ確率を $p$（一定）とする．例えば

- 無作為に選んだ $n$ 人のうち，内閣支持者数，政策支持者数 など
- 無作為に選んだ $n$ 世帯のうち，ある番組を見た世帯数
- 無作為に選んだ $n$ 個の製品の中の不良品数

**【ex.3-2】** 成功率が 60 ％の実験を独立に 5 回行うとき，実験が成功する回数を $X$ とする．
(1) $X$ はどのような確率分布にしたがうか？
(2) 平均 $E[X]$，分散 $V[X]$ を求めよ．
(3) 4 回以上成功する確率を求めよ．

---

**解答**

(1) 実験を独立に繰り返すので，

成功回数 $X$ は $B(5,\ 0.6)$ にしたがう．

(2) $E[X] = 5 \cdot 0.6 = 3$ ， $V[X] = 5 \cdot 0.6 \cdot 0.4 = 1.2$

(3) $P(X = k) = {}_5 C_k (0.6)^k (0.4)^{5-k} \quad (k = 0, 1, 2, ..., 5)$

より，4 回以上成功する確率は

$$P(X \geqq 4) = P(X = 4) + P(X = 5)$$
$$= {}_5 C_4 (0.6)^4 (0.4)^1 + {}_5 C_5 (0.6)^5 (0.4)^0$$
$$\fallingdotseq 0.337$$

---

∗ (3) 成功率を $\dfrac{3}{5}$ として計算してもよい．このとき，$\dfrac{1053}{3125} \fallingdotseq 0.337$

**問 3.1** $X$ が $B(12, 0.1)$ にしたがうとき，$X$ の確率関数，平均，分散，積率母関数を述べよ．

**問 3.2** ある時期の真の内閣支持率が 40 ％ であるとする．無作為に 3 人集めたとき（そのうち）内閣を支持する人数を $X$ とする．
(1) $X$ はどのような確率分布にしたがうか？
(2) 支持する平均人数 $E[X]$ と分散 $V[X]$ を求めよ．
(3) 支持する人が 2 人である確率を求めよ．

**問 3.3**　日常的にインターネットを利用している人（ここでは「ネットユーザー」と表現する）が全体の 70 ％であるとし，無作為に 8 人集めたときその中のネットユーザー数を $X$ とする.
(1)　$X$ はどのような確率分布にしたがうか？
(2)　ネットユーザーの平均人数 $E[X]$ と分散 $V[X]$ を求めよ.
(3)　ネットユーザーが 7 人以上である確率を求めよ.

**問 3.4**　持病のためある薬を毎日 1 回服用している A さんが薬を飲み忘れる確率が 20 ％だとする.　各服用は独立だとし，1 週間で飲み忘れる回数を $X$ とする.
(1)　$X$ はどのような確率分布にしたがうか？
(2)　平均 $E[X]$ と分散 $V[X]$ を求めよ.
(3)　1 週間飲み忘れがない確率を求めよ.

**問 3.5**　15 問の選択問題があり，1 問につき 2 つ選択（マーク）する.　1 問につき選択肢が 5 つ，正しい選択肢は 2 つ（1 組）で，2 つとも正しい場合にその問いを正解とする.
(1)　問題 1 をでたらめに選択した場合，正解する確率を求めよ.
(2)　15 問でたらめにマークした場合，平均何問正解するか？
(3)　15 問でたらめにマークした場合，2 問以上正解する確率を求めよ.

**問 3.6**　$X$ の積率母関数が $M_X(t) = \left(\dfrac{e^t + 2}{3}\right)^5$ のとき，$X$ の確率分布と $E[X]$, $V[X]$ の値を求めよ.

\* 　$B(1, p)$ は「ベルヌーイ分布」とも呼ばれる.

確率関数　$\boxed{P(X = k) = p^k (1-p)^{1-k} \qquad (k = 0, 1)}$

$E[X] = p$ ， $V[X] = pq$ ， $M_X(t) = pe^t + q$ 　（ここで $q = 1 - p$）

\* 　次の関係式は次項のポアソン分布に関係するので付記しておく.

$$e^z = \sum_{k=0}^{\infty} \frac{z^k}{k!} = 1 + \frac{z}{1!} + \frac{z^2}{2!} + \cdots + \frac{z^k}{k!} + \cdots \qquad (z \in \mathbf{R})$$

$$e = \sum_{k=0}^{\infty} \frac{1}{k!} = 1 + \frac{1}{1!} + \frac{1}{2!} + \cdots + \frac{1}{k!} + \cdots = 2.718\cdots$$

## 3.2 ポアソン分布 $P_o(\lambda)$

定義 $X$ を確率変数とし，$\lambda > 0$ とする．このとき

確率関数 $\boxed{P(X = k) = e^{-\lambda}\dfrac{\lambda^k}{k!} \qquad (k = 0, 1, 2, ...)}$

によって定まる確率分布を「パラメータ $\lambda$ のポアソン (Poisson) 分布」と
いい，本書では $\boxed{P_o(\lambda)}$ という記号で表す．

性質 3-3 $X$ がポアソン分布 $P_o(\lambda)$ にしたがうとき

$$E[X] = V[X] = \lambda \quad , \quad M_X(t) = e^{\lambda(e^t - 1)} = \exp\left(\lambda(e^t - 1)\right)$$

事項 3-4 【ポアソン分布が現れる例】

> (I) 2 項分布 $B(n, p)$ のポアソン近似
> (II) 大量観測時に，まれであり，かつランダムな現象が起こる回数
> (III) 時間経過や空間の広がりに伴い，ランダムな現象が起こる回数

(I) 2 項分布 $B(n, p)$ のポアソン近似

定理 3-5

> 2 項分布 $B(n, p)$ で $np$ が一定のとき，確率関数について
> $$\lim_{n \to \infty} {}_nC_k\, p^k(1 - p)^{n-k} = e^{-np}\frac{(np)^k}{k!} \quad (k = 0, 1, 2, ...)$$

この定理は次のように言い換えて用いる．

> $X$ が 2 項分布 $B(n,p)$ にしたがい，$n \gg 1$ [1] で $np \leqq 5$ のとき
> $X$ は近似的にポアソン分布 $P_o(np)$ にしたがう．

* 　$\boxed{np \leqq 5}$ 　は 1 つの目安で，近似誤差に関係している．[2]
* 　「$n \gg 1$ で $np \leqq 5$」という条件は「$n \gg 1$ , $0 < p \ll 1$」でもよい．

次の (II),(III) も $\boxed{\text{定理}}\ \boxed{\text{3-5}}$ から導かれる．

## (II)　大量観測時に，まれであり，かつランダムな現象が起こる回数

条件として「現象が起こる確率 $p$ が一定」が必要となる．このとき，
ランダム性より $n$ 回の観測で現象が起こる回数 $X$ は $B(n,p)$ にしたがう．
まれな現象より $0 < p \ll 1$，大量観測より $n \gg 1$ であり，$X$ は近似的に
ポアソン分布にしたがう．

　　例）　● 　5 ページあたりのミスプリント箇所数
　　　　　● 　チケットのキャンセル者数
　　　　　● 　ある売り場での宝くじの高額当選者数

## (III)　時間経過や空間の広がりに伴い，ランダムな現象が起こる回数

条件として「時間または空間を細かく $n$ 等分割したとき，各分割区間（領域）
で現象が起こる回数は 1 か 0 であること」が必要となる．このとき，ランダム
性より現象の回数は 2 項分布にしたがう．細かく分割するので $n \gg 1$，分割
区間の幅が小さくなることで確率が小さくなり $0 < p \ll 1$ となる．

　　例）　● 　一定時間内にある番号にかかってくる電話の本数
　　　　　● 　一定時間内にある窓口に訪れる来客者数
　　　　　● 　あるエリアに生えている野草の数

---

[1]　　$n \gg 1$ は「$n$ が十分大きい」，$0 < p \ll 1$ は「$p$ が正の範囲で十分小さい」の意．
[2]　　近似誤差については文献 [4], [5] などを参照．

【ex.3-3】 一定時間内に薬局の窓口に処方箋をもってくる人数 $X$ が平均 1.6 人のポアソン分布にしたがうとする．このとき $P(X \leqq 2)$ の値を求めよ．

**解1**

$X$ がポアソン分布にしたがうので，

$\lambda = E[X] = 1.6$ より $X$ は $P_o(1.6)$ にしたがう．

数表1（巻末，ポアソン分布表）より

$P(X \leqq 2) = P(X = 0) + P(X = 1) + P(X = 2)$

$= 0.2019 + 0.3230 + 0.2584 = 0.7833 \fallingdotseq 0.783$

**解2**

$X$ がポアソン分布にしたがうので，

$\lambda = E[X] = 1.6$ より $X$ は $P_o(1.6)$ にしたがう．

確率関数は $P(X = k) = e^{-1.6} \dfrac{(1.6)^k}{k!}$ $(k = 0, 1, 2, 3, ...)$

$P(X \leqq 2) = P(X = 0) + P(X = 1) + P(X = 2)$

$= e^{-1.6} + 1.6e^{-1.6} + 1.28e^{-1.6} = 3.88e^{-1.6} \fallingdotseq 0.783$

【ex.3-4】 ランダムに 500 人集めたとき 5 月 30 日生まれの人数 を $X$ とし，5 月 30 日生まれの確率を $\dfrac{1}{365}$ とする．500 人のうち 5 月 30 日 生まれが 1 人以上いる確率をポアソン近似を用いて求めよ．

**解**

ランダムサンプルより，5 月 30 日生まれの人数 $X$ は

$B\left(500, \dfrac{1}{365}\right)$ にしたがう．

$n = 500 \gg 1$, $\quad np = 500 \cdot \dfrac{1}{365} \fallingdotseq 1.37 \leqq 5$ だから

$X$ は近似的にポアソン分布 $P_o(1.37)$ にしたがう．

$P(X = k) = e^{-1.37} \dfrac{(1.37)^k}{k!}$ $(k = 0, 1, 2, 3, ...)$

したがって，5 月 30 日生まれが 1 人以上いる確率は，

$P(X \geqq 1) = 1 - P(X = 0) = 1 - e^{-1.37} \fallingdotseq 0.746$

補足 【1 次補間】

ex.3-4 で数表を用いる場合は「1 次補間」と呼ばれる以下の近似を使う.

ex.3-4 で $P(X = 0)$ について

$\lambda = 1.3$ のとき確率 0.2725,

$\lambda = 1.4$ のとき確率 0.2466

より,この 2 つの値の間を $7 : 3$ に分ける値 $\dfrac{7}{10} \cdot 0.2466 + \dfrac{3}{10} \cdot 0.2725$ を近似値として採用する.

一般に,確率 $p_1$ と $p_2$ の間を $a : b$ に分ける値は $\dfrac{b \cdot p_1 + a \cdot p_2}{a + b}$ となる.

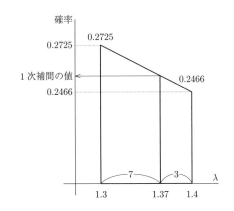

**問 3.7** ある公園で,無造作にちらかった紙くずの個数が 1 区画あたり平均 2.7 個のポアソン分布にしたがうとする.1 区画の紙くずが 2 個以下の確率を求めよ.

**問 3.8** ある宝くじ売り場の 1 等当選者数 $X$ は平均 0.8 本のポアソン分布にしたがうとする.この売り場で 1 等当選者が出る確率を求めよ.

**問 3.9** あるクッキー工場で 1 日 100 個のチョコチップクッキーを作っている.1 個のクッキーに入っているチョコチップの数 $X$ はポアソン分布にしたがうとし,製品基準は $X$ が 3 (個) 以上であるとする.

(1)  $E[X] = 3.0$ のとき,製品基準をみたす確率を求めよ.

(2)  製品基準をみたす確率が 85 %以上となるためには,1 日最低何個のチョコチップを用意すべきか?チョコチップは 10 個単位でカウントされるとする.

**問 3.10** $X$ が $B(200, 0.011)$ にしたがうとき,$P(X \leqq 1)$ の値をポアソン近似を使って求めよ.

**問 3.11** 学生の正答率 2 %という難しい問題を無作為に選んだ学生 100 人に出題したとき,4 人以上正解者がいる確率をポアソン近似を使って求めよ.

**問 3.12** あるチケットのキャンセル率を 2.5 % とし,座席数は 100 とする.

(1)  100 人分のチケットがすでに販売済みであるとする.100 人のうちのキャンセル者数 $X$ はどのような確率分布にしたがうか?近似を含めて 2 つ答えよ.各購入者のキャンセルは独立であるとする.

(2)  何かの手違いで座席数が 98 しかなかったとする.このとき来客者が全員座れる確率を求めよ.

## 3.3 幾何分布

定義　$X$ を確率変数とし，$0 < p < 1$ とする．このとき

確率関数　$\boxed{P(X = k) = p(1-p)^{k-1} \qquad (k = 1, 2, 3, ...)}$

によって定まる確率分布を「パラメータ $p$ の幾何分布」という．

\* 　$P(X = k) = p(1-p)^k \ (k = 0, 1, 2, ...)$ 　によって定まる確率分布を
　　パラメータ $p$ の幾何分布と呼ぶこともある．

性質 |3-6|　$X$ がパラメータ $p$ の幾何分布 にしたがうとき，

$$E[X] = \frac{1}{p} \ , \ V[X] = \frac{1-p}{p^2} \ , \ M_X(t) = \frac{p\,e^t}{1 - (1-p)e^t} \quad (t < -\log(1-p))$$

事項 |3-7|　【幾何分布が現れる例】　はじめて起こるのは何回目か？

　1 つの事象 $A$ に着目し，1 回の試行で $A$ が起こる確率を $p$ （一定）とする．
試行を独立に繰り返したとき，その事象がはじめて起こるのが $X$ 回目とする
と，$X$ はパラメータ $p$ の幾何分布にしたがう．例えば

- サイコロを無作為にふるとき，はじめて「1」の目が出るのが $X$ 回目
- 射的の成功率が $p$ のとき，的に当てて景品をもらえるまでの回数

| 1 st | 2 nd | 3 rd | $\cdots$ | $k-1$ th | $k$ th |
|:---:|:---:|:---:|:---:|:---:|:---:|
| $\times$ | $\times$ | $\times$ | | $\times$ | $\bigcirc$ |
| $1-p$ | $1-p$ | $1-p$ | | $1-p$ | $p$ |

【ex.3-5】　マークを当てるゲームがあり，このゲームを繰り返し行う．
マークは 4 種類のどれかであるが，毎回ランダムに変わるとする．

　(1)　はじめてマークを当てるのは平均何回目か？

　(2)　3 回間違えるとゲームオーバーのとき，マークを当てる確率を求めよ．

**解**    はじめてマークを当てるのが $X$ 回目だとすると

ランダムな変化で，確率一定（1/4）より

$X$ はパラメータ $p = \dfrac{1}{4}$ の幾何分布にしたがう．

(1)    $E[X] = \dfrac{1}{p} = 4$    したがって，平均 4 回目である．

(2)    $P(X = k) = \dfrac{1}{4}\left(\dfrac{3}{4}\right)^{k-1}$ $(k = 1, 2, 3, ...)$    だから，求める確率は

$$P(X \leqq 3) = \frac{1}{4}\left(\frac{3}{4}\right)^0 + \frac{1}{4}\left(\frac{3}{4}\right)^1 + \frac{1}{4}\left(\frac{3}{4}\right)^2 = \frac{37}{64} \fallingdotseq 0.578$$

**問 3.13**    バスケットボールのある選手のフリースローの成功率が 75 ％とし，何回も（独立に）フリースローを行うとき，はじめて成功するのが 2 回目以内である確率を求めよ．

**問 3.14**    $A$ 政党の支持率が 10 ％であるとし，街角でランダムにインタビューしたとき，はじめて $A$ 政党支持者に出会うのが $X$ 人目だとする．
   (1)    $X$ の確率分布と $E[X]$ の値を求めよ．
   (2)    50 人インタビューしても $A$ 政党支持者に出会わない確率を求めよ．

**問 3.15**    ある実験は再現性が低く，成功する確率が 10 ％だとする．独立に実験を繰り返し行うが，予算の関係で 3 回しかできないとする．実験が成功する確率を求めよ．（初めて成功するのが 3 回目までならよい）

**問 3.16**    あるソフトドリンクのおまけにキャラクターグッズが 1 個付いているとする．キャラクターグッズは 10 種類あり，いま 4 種類揃ったとし（いまからカウントして）5 種類目を得るまでに購入するドリンクの本数を $X$ とする．また，各キャラクターの割合は同じとし，作為的な操作はないとする．
   (1)    $X$ の確率分布を求めよ．        (2)    平均 $E[X]$ を求めよ．

**＊**   この考え方より $n$ 種類あるときの平均購入数は    $n\left(1 + \dfrac{1}{2} + \dfrac{1}{3} + \cdots + \dfrac{1}{n}\right)$

## 3.4 一様分布

**定義** $a, b$ を実数とし $a < b$ とする. このとき,

$$\text{密度関数} \quad f(x) = \begin{cases} \dfrac{1}{b-a} & (a \leqq x \leqq b) \\ 0 & (x < a,\ b < x) \end{cases}$$

によって定まる確率分布を「区間 $[a, b]$ での一様分布」という.

\* 区間 $[a, b]$ の場合以外に $(a, b]$, $[a, b)$, $(a, b)$ の場合も同様に定義され, これらの場合を同一視することもある.

**グラフ**

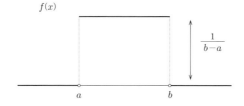

**性質** │3 8│ $X$ が区間 $[a, b]$ での一様分布にしたがうとき

$$E[X] = \frac{b+a}{2} \quad , \quad V[X] = \frac{(b-a)^2}{12}$$

**事項** │3-9│【一様分布が現れる例】

$X$ がある区間の値をとり, 一様の起こりやすさがある場合. 例えば

- 10 分おきに発車する地下鉄に無作為に到着したときの待ち時間
- 無作為に与えられた数値の四捨五入（丸め込み）の誤差

**【ex.3-6】** ある駅のある時間帯に電車が 10 分ごとに発車するとし, 無作為に駅に到着したときの電車の待ち時間を $X$ とする（ここでは, 電車の待ち時間は到着してから発車までの時間）.

(1) $X$ の確率分布を求めよ. (2) $X$ の平均, 分散を求めよ.

**解** (1)　$0 < X \leqq 10$ で，無作為な到着だから一様の起こりやすさ
を認める．したがって，$X$ は区間 $(0, 10]$ での一様分布にしたがう．

(2)　$E[X] = \dfrac{10 + 0}{2} = 5$ ，$V[X] = \dfrac{(10 - 0)^2}{12} = \dfrac{25}{3}$

**問 3.17**　$X$ が区間 $[1, 4]$ での一様分布にしたがうとき $P(X \leqq 3)$ の値を求めよ．

**問 3.18**　無作為に与えられた正の数値の小数第 1 位を四捨五入するとき
誤差 $X$ を「与えられた数値 - 四捨五入した数値」とする．
(1)　$X$ の確率分布を求めよ．　　　(2)　$X$ の平均，分散を求めよ．
(3)　$P(|X| \leqq 0.2)$ の値を求めよ．

**問 3.19**　区間 $[0, 5]$ から無作為に 1 点 $X$ を選ぶとする．このとき $P(|X - m| \leqq \sigma)$
の値を求めよ．

## 3.5　指数分布

**定義**　$\lambda > 0$ とする．

$$
\text{密度関数}\quad f(x) = \begin{cases} \lambda e^{-\lambda x} & (x > 0) \\ 0 & (x \leqq 0) \end{cases}
$$

によって定まる確率分布を「パラメータ $\lambda$ の指数分布」という．

\*　$\theta = 1/\lambda$ をパラメータとする場合もある．

**グラフ**

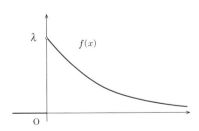

**性質** 3-10　$X$ がパラメータ $\lambda$ の指数分布にしたがうとき

$$
E[X] = \frac{1}{\lambda} \quad , \quad V[X] = \frac{1}{\lambda^2} \quad , \quad M_X(t) = \frac{\lambda}{\lambda - t} \quad (t < \lambda)
$$

**事項** 3-11 【指数分布が現れる例】

ランダムに起こる現象の「時間間隔」

ただし，現象が起こる確率がその時間区間の幅に比例することを仮定する．

- ある時間帯に客が来る時間間隔
- ある時間帯に路上でタクシーを待つ時間
- 製品の故障間隔（修理により同じ状況が保てる場合）

【ex.3-7】 ある会社の苦情係にかかってくる電話の時間間隔 $X$ は平均 0.5 分の指数分布にしたがうとする．1 回かかってきたあと次に電話がかかってくるまで 1 分以下である確率を求めよ．

---

**解** $X$ は平均 0.5 の指数分布にしたがうから，$\dfrac{1}{\lambda} = 0.5$ より $\lambda = 2$

密度関数は $f(x) = \begin{cases} 2e^{-2x} & (x > 0) \\ 0 & (x \leqq 0) \end{cases}$

$$P(0 < X \leqq 1) = \int_0^1 2e^{-2x}\,dx = \left[-e^{-2x}\right]_0^1 = 1 - e^{-2} \fallingdotseq 0.865$$

---

**問 3.20** ある店の来客者の時間間隔 $X$ は平均 3（分）の指数分布にしたがうとする．ひとり客が来たあと次に客が来るまで 2 分以下である確率を求めよ．

**問 3.21** ある製品の故障間隔は平均 1250（時間）の指数分布にしたがうとする．このとき，平均の 1250（時間）経過する前に故障する確率を求めよ．

**問 3.22** ある場所のある時間帯にタクシーが通る時間間隔が平均 5 分の指数分布にしたがうとする．1 台通り過ぎた後，次にタクシーが通るのに 15 分以上かかる確率を求めよ．

**問 3.23** $X$ が指数分布にしたがい，$E[X^2] + E[X] = 1$ をみたすとき，$P(X \geqq 2)$ の値を求めよ．

## 3.6  正規分布

正規分布は本書の中でも，応用においても，非常に重要な確率分布である．

定義  $m$ を実数とし，$\sigma > 0$ とする．このとき，

密度関数
$$f(x) = \frac{1}{\sqrt{2\pi}\,\sigma} \exp\left(-\frac{(x-m)^2}{2\sigma^2}\right) \quad (x \in \mathbf{R})$$

によって定まる確率分布を「正規分布」といい，パラメータ $m, \sigma^2$ を込めて $N(m, \sigma^2)$ という記号で表す．

特に $m = 0, \sigma = 1$ のとき，すなわち

密度関数
$$f(x) = \frac{1}{\sqrt{2\pi}} \exp\left(-\frac{x^2}{2}\right) \quad (x \in \mathbf{R})$$

によって定まる確率分布を「標準正規分布」といい，$N(0, 1)$ と表す．

グラフ 3-12  密度関数のグラフは下図のようになり，次の特徴がある．

- 釣り鐘状（ベル状）
- $x = m$ のとき最大
- 直線 $x = m$ に対して対称
- $\displaystyle \lim_{x \to \pm\infty} f(x) = 0$
- $\left(m - \sigma, f(m - \sigma)\right)$, $\left(m + \sigma, f(m + \sigma)\right)$ が変曲点

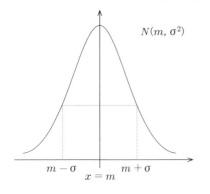

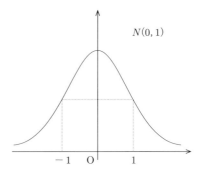

パラメータ $m, \sigma^2$ は平均,分散を表す文字であるが,実際その意味をもつ.

**性質** | 3–13 |    $X$ が正規分布 $N(m, \sigma^2)$ にしたがうとき

$$E[X] = m \quad , \quad V[X] = \sigma^2 \quad , \quad M_X(t) = \exp\left(mt + \frac{1}{2}\sigma^2 t^2\right)$$

**問 3.24**    $X$ が正規分布 $N(2, 8)$ にしたがうとき,$X$ の密度関数 $f(x)$,平均 $E[X]$,分散 $V[X]$,標準偏差 $\sigma$,積率母関数 $M_X(t)$ を述べよ.

**問 3.25**    $X$ の積率母関数が次の場合に $X$ の確率分布を求めよ.
  (1)    $M_X(t) = \exp(t + t^2)$    (2)    $M_X(t) = \exp(-t + 3t^2)$

**事項** | 3–14 | 【正規分布が現れる例】

(I)    2 項分布の正規近似

  $X$ が $B(n, p)$ にしたがうとき,

  | $n \gg 1$ | ならば $X$ は近似的に $N(np, np(1-p))$ にしたがう.

(II)    大標本での標本平均,標本比率(5 章で扱う)

(III)    経験上(過去のデータから)正規分布にしたがうとみなされる
    確率変数

  例えば,試験の点数,身長,実験の測定誤差/観測誤差などであるが,
  必ずしも正規分布にしたがうわけではない.

\*  ポアソン分布,$\chi^2$ 分布,$t$ 分布(5 章)も条件付きで正規分布で近似できる(文献 [3] など).また,変数変換によって正規近似を利用することもある(文献 [4] など).

次に，確率を計算することを考える．ここでは標準化と数表を利用するが，そのためには正規分布の性質を知っておく必要がある．

* 実用的には，PC ソフトや関数電卓などで計算した方が正確である．ただし，計算対象とその性質は知っておくべきである．コマンドの意味や関係が分からなくなるおそれがある．

---

定理 | 3-15 |    $a, b$ は定数で $a \neq 0$ とする.

$X$ が正規分布にしたがうとき，$Y = aX + b$ も正規分布にしたがう．

---

$X$ ：正規分布 $\implies$ $X$ の 1 次式：正規分布

パラメータは平均，分散を計算すればよい．

---

**【ex.3-8】** $X$ が $N(4, 8)$ にしたがうとき $Y = 2X - 5$ の確率分布を求めよ．

---

**解** $Y = 2X - 5$ も正規分布にしたがい，

$$E[Y] = 2E[X] - 5 = 2 \times 4 - 5 = 3$$
$$V[Y] = 2^2 V[X] = 4 \times 8 = 32$$

より $Y$ は $N(3, 32)$ にしたがう．

---

**問 3.26** $X$ が $N(3, 4)$ にしたがうとき次の確率変数の確率分布を求めよ.

(1) $Y = 2X - 3$     (2) $Y = -2X + 6$     (3) $Y = \dfrac{X - 3}{2}$

(4) $Y = \dfrac{-X + 2}{3}$

**問 3.27** $X$ が $N(56, 18^2)$ にしたがい，$Y = aX + b$ が $N(100, 15^2)$ にしたがうとき，定数 $a, b$ の値を求めよ（$a > 0$ とする）．

**事項** | 3-16 |【正規分布の場合の確率計算】

$X$ が $N(m, \sigma^2)$ にしたがうとき，$P(a \leqq X \leqq b)$ の値を数表から求めよう．

「Step 1」 標準化すると **定理** | 3-15 | より

$$Z = \frac{X - m}{\sigma} \quad \text{は標準正規分布 } N(0,1) \text{ にしたがう．}$$

「Step 2」 $P(a \leqq X \leqq b)$ を $Z$ を使って書き換える：

$$P(a \leqq X \leqq b) = P\left(\frac{a - m}{\sigma} \leqq Z \leqq \frac{b - m}{\sigma}\right)$$

無限区間の場合は

$$P(a \leqq X) = P\left(\frac{a - m}{\sigma} \leqq Z < \infty\right)$$

$$P(X \leqq b) = P\left(-\infty < Z \leqq \frac{b - m}{\sigma}\right)$$

「Step 3」 $\boxed{P(c \leqq Z \leqq d) = I(d) - I(c)}$ と計算する．

ここで

$$I(z) = P(0 \leqq Z \leqq z)$$

$$= \frac{1}{\sqrt{2\pi}} \int_0^z e^{-x^2/2} \, dx$$

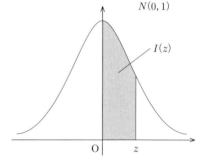

の値は正規分布表（数表 2）にある．
ただし，

$$I(-z) = -I(z)$$

$$I(\infty) = 0.5, \ I(-\infty) = -0.5$$

としておく．

\* $I(d) - I(c)$ は定積分の計算をしている：

$$P(c \leqq Z \leqq d) = \Big[ I(z) \Big]_c^d = I(d) - I(c)$$

**【ex.3-9】**    $X$ が $N(5, 16)$ にしたがうとき，次の値を求めよ．

(1) $P(7 \leqq X \leqq 11)$      (2) $P(X \geqq 8)$

解答

標準化：$Z = \dfrac{X - 5}{4}$

(1)
$$P(7 \leqq X \leqq 11) = P\left(\frac{7 - 5}{4} \leqq Z \leqq \frac{11 - 5}{4}\right)$$
$$= P(0.5 \leqq Z \leqq 1.5)$$
$$= I(1.5) - I(0.5)$$
$$= 0.4332 - 0.1915 = 0.2417 \fallingdotseq 0.242$$

(2)
$$P(X \geqq 8) = P\left(\frac{8 - 5}{4} \leqq Z < \infty\right)$$
$$= P(0.75 \leqq Z < \infty)$$
$$= I(\infty) - I(0.75)$$
$$= 0.5 - 0.2734 = 0.2266 \fallingdotseq 0.227$$

**【ex.3-10】**    $X$ が $N(-1, 4)$ にしたがうとき，$P(X \geqq a) = 0.05$    となる $a$ の値を求めよ．

解答

標準化：$Z = \dfrac{X + 1}{2}$ により    $P(X \geqq a) = P\left(Z \geqq \dfrac{a + 1}{2}\right) = 0.05$

数表 3-2 を用いて    $\dfrac{a + 1}{2} = 1.645$    より    $a = 2.29$

**問 3.28**    $X$ が $N(3, 4)$ にしたがうとき次の確率の値を求めよ．
(1)  $P(4 \leqq X \leqq 5.2)$      (2)  $P(1 \leqq X \leqq 3.5)$      (3)  $P(X \geqq 4)$
(4)  $P(X \leqq 5.5)$

**問 3.29**    ある工場で製造されたある部品の長さ $X(\mathrm{mm})$ は正規分布 $N(35, 0.5^2)$ にしたがうとする．この部品を使ってある製品を作りたいが $34.8 \leqq X \leqq 35.4$ である必要がある．$34.8 \leqq X \leqq 35.4$ である確率を求めよ．

**問 3.30**    $X$ が $N(m, \sigma^2)$ にしたがうとき次の確率の値を求めよ．
(1)  $P(m - 2\sigma \leqq X \leqq m + 2\sigma)$
(2)  $P(m - 3\sigma \leqq X \leqq m + 3\sigma)$

  (3)    $P(m - 0.5\,\sigma \leqq X \leqq m + 0.5\,\sigma)$

**問 3.31**   $X$ が $N(2, 9)$ にしたがうとき,次の値を求めよ.
  (1)   $P(X \geqq a) = 0.05$   となる $a$ の値.
  (2)   $P(X \leqq b) = 0.03$   となる $b$ の値.
  (3)   $P(X \geqq c) = 0.025$   となる $c$ の値.(数表 3-1)

**問 3.32**   試験の偏差値は $N(50, 10^2)$ にしたがうように標準化されたものである.
  (1)   偏差値が 50〜60 の割合を求めよ.
  (2)   上位 20 %の点数の偏差値を求めよ.

**問 3.33**   ある資格試験の点数は正規分布 $N(52, 16^2)$ にしたがうとする.
  (1)   60 点以上を合格としたとき,合格率を求めよ.
  (2)   合格率を 40 %以上にするには,合格ラインは何点以下にすればよいか?整数値で答えよ.

**問 3.34**   ある大規模試験で理科について「物理」と「生物」の 2 科目のうち 1 科目選択するとし,物理の点数 $X$ は $N(48.5, 20.0^2)$ にしたがい,生物の点数 $Y$ は $N(56.0, 15.0^2)$ にしたがうとする.科目間格差を補正し相対比較をするとき,$Y$ を固定するとすると $X$ をどのように変換すればよいか?変換式を 1 次式で求めよ.

---

$\boxed{\text{補足}}$  $X$ が $N(m, \sigma^2)$ にしたがうとき,標準化 $Z = \dfrac{X - m}{\sigma}$ により

$$P(m - \sigma \leqq X \leqq m + \sigma) = P(-1 \leqq Z \leqq 1) \fallingdotseq 0.68$$

つまり $m - \sigma \sim m + \sigma$ の範囲にある確率や割合は約 68 %である.こうしたことは正規分布の場合によく利用されるので覚えておいた方がいい.

> **$m \pm 1\sigma, \pm 2\sigma, \pm 3\sigma$**
>
>   $m - 1\sigma \sim m + 1\sigma$ の確率   68 %(約 2/3,7 割弱)
>
>   $m - 2\sigma \sim m + 2\sigma$ の確率   95 %強
>
>   $m - 3\sigma \sim m + 3\sigma$ の確率   99.7 %

    $m - 4\sigma \sim m + 4\sigma$ の確率   99.994 %

    $m - 5\sigma \sim m + 5\sigma$ の確率   99.99994 %

2 項分布の正規近似を考える．確率計算では場合により補正が必要となる．

定理 3-17 （2 項分布の正規近似）    ド・モアブル - ラプラスの定理

(de Moivre-Laplace)

> $X$ が 2 項分布 $B(n,p)$ にしたがうとき
> $n \gg 1$ ならば $X$ は近似的に正規分布 $N(np, np(1-p))$ にしたがう．

（$p = 0.3$ の場合）

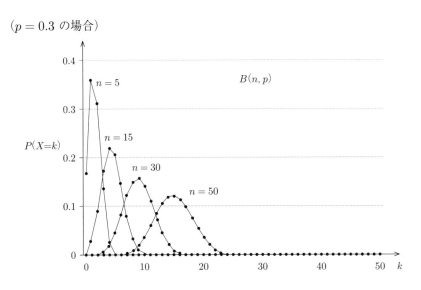

\*  「$n \gg 1$」の具体的な目安は様々であり，誤差をどの程度許すかによって
変わってくる．また，正規近似により $P(a \leqq X \leqq b)$ の値を求めるときの
近似誤差は $n, p, a, b$ によって変わる（近似誤差については文献 [4], [5]
など）．目安の 1 例として $np \geqq 5$ かつ $n(1-p) \geqq 5$ を挙げておく．

**2 項分布の近似**

$n \gg 1,\quad np \leqq 5 \qquad\qquad \Longrightarrow B(n,p) \sim P_o(np)$

$n \gg 1\ (np \geqq 5,\ n(1-p) \geqq 5) \quad \Longrightarrow\ B(n,p) \sim N(np, np(1-p))$

定理 3-17 を使って確率を計算
するときには 1 つ注意すべきこと
がある. 2 項分布が「離散型」であ
るのに対し正規分布は「連続型」で
あるので, そのギャップを補正する
ことが必要となる. $X$ が 2 項分布
にしたがい $P(a \leqq X \leqq b)$ を求め
るとき, $a, b$ は 0 以上の整数であ
る. したがって, 図のように正規分
布で近似したとき, 区間 $[a, b]$ での
積分では端点の部分で確率が合わな

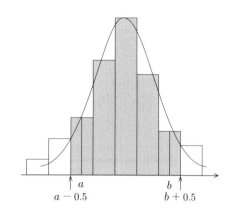

くなる. これを防ぐため, 端点 $a, b$ で 0.5 ずつ区間を広げて $[a-0.5, b+0.5]$
で積分する. これを「半整数補正」(半数補正, 連続補正) という.

\* $n$ が非常に大きい場合は近似誤差が小さくなるので, 補正をしなくてもよい.

事項 3-18 【2 項分布の場合の正規近似による確率計算】

$X$ が $B(n, p)$ にしたがい $n \gg 1$ のとき, $P(a \leqq X \leqq b)$ を計算する.

$(a, b$ は 非負整数$)$

(1) 近似可能かどうかをチェックする： $\boxed{np \geqq 5 \text{ かつ } n(1-p) \geqq 5}$ など

(2) 半整数補正を行う： $P(a \leqq X \leqq b) = P(a-0.5 \leqq X \leqq b+0.5)$

(3) 標準化して確率を計算する. $Z = \dfrac{X - np}{\sqrt{np(1-p)}}$ , 事項 3-16

【ex.3-11】 ある番組の真の視聴率が 16.0 ％であるとする. 無作為に選ばれ
た 600 世帯のうち, この番組を見た世帯数を $X$ とする.

(1) $E[X], V[X]$ を計算せよ.

(2) $P(78 \leqq X \leqq 114)$ の値を正規近似を使って求めよ.

## 解

(1)　ランダムサンプルだから，$X$ は $B(600, 0.16)$ にしたがう．

$$E[X] = 600 \cdot 0.16 = 96, \quad V[X] = 600 \cdot 0.16 \cdot 0.84 = 80.64$$

(2)　$n = 600 \gg 1$ だから

　　　（または「$np = 96 \geqq 5, n(1-p) = 504 \geqq 5$ だから」）

$X$ は近似的に $N(96, 80.64)$ にしたがう．

標準化により $Z = \dfrac{X - 96}{\sqrt{80.64}}$ は近似的に $N(0, 1)$ にしたがうから

（半整数補正を行って計算すると）

$$P(77.5 \leqq X \leqq 114.5) = P\left( \frac{77.5 - 96}{\sqrt{80.64}} \leqq Z \leqq \frac{114.5 - 96}{\sqrt{80.64}} \right)$$

$$\fallingdotseq P(-2.06 \leqq Z \leqq 2.06)$$

$$= 2\,I(2.06) = 2 \times 0.4803$$

$$= 0.9606 \fallingdotseq 0.96$$

＊　上の例の結果を解釈すると次のようになる．

真の視聴率が 16.0 ％のとき，ランダムサンプルを抽出して調査すると，13.0 ％ 以上 19.0 ％以下（真の比率 ± 3 ％）となる確率は 96 ％である．したがって，100 ％というわけにはいかないが高い確率で調査結果を信頼することができる．どのくらいの信頼度でどのくらいの誤差を考えておくべきか，などは 6 章で扱う．

**問 3.35**　次の $a, b$ の値を求めよ：$X$ が $B(150, 0.4)$ にしたがうとき，$X$ は近似的に $N(a, b)$ にしたがう．

**問 3.36**　コイントスを無作為に 100 回行ったとき「表」が出る回数を $X$ とする．確率 $P(46 \leqq X \leqq 54)$ の値を正規分布による近似を使って求めよ．

**問 3.37**　ある時期の真の内閣支持率が 60 ％ であるとする．無作為に 500 人集めたとき，そのうち内閣を支持する人数を $X$ とする．確率 $P(280 \leqq X \leqq 320)$ の値を正規分布による近似を使って求めよ．

**問 3.38** 無作為に 300 人集めたとき, 感染率が 10 %の感染症にかかっている人が 20 人以上 35 人以下である確率を正規近似を使って求めよ.

**問 3.39** あるスマホは 12 % の割合で不具合が起こることがわかったとする. しかしそれが判明したときには, すでに 1000 台販売済みであった. 販売を一時停止し, 不具合によるスマホ本体をすべて交換するとする. また, 正常な動作確認されたものは 135 台しか用意できていないとする.
  (1) 交換総数が 105 台以上 135 台以下である確率を正規近似を使って求めよ.
  (2) 用意した 135 台では足らなくなる確率を正規近似を使って求めよ.

## 3.7 対数正規分布

**定義** $m$ を実数とし, $\sigma > 0$ とする. $\log X = \ln X$ が正規分布 $N(m, \sigma^2)$ にしたがうとき, $X$ の確率分布を「パラメータ $m, \sigma^2$ の対数正規分布」という. これは

$$\text{密度関数} \quad f(x) = \begin{cases} \dfrac{1}{\sqrt{2\pi}\,\sigma x} \exp\left(-\dfrac{(\log x - m)^2}{2\sigma^2}\right) & (x > 0) \\ 0 & (x \leqq 0) \end{cases}$$

によって定まる確率分布である.

\* 「$\log X$ が $N(m, \sigma^2)$ にしたがう」「$\log X \sim N(m, \sigma^2)$」と表してもよい.

**性質** 3–21 $X$ がパラメータ $m, \sigma^2$ の対数正規分布にしたがうとき

$$E[X] = \exp\left(m + \frac{\sigma^2}{2}\right) \quad , \quad V[X] = \exp(2m + \sigma^2)(\exp(\sigma^2) - 1)$$

別表現として, $\lambda = e^m = \exp(m)$ , $\xi = e^{\sigma^2} = \exp(\sigma^2)$ とおくと,
$$E[X] = \lambda\sqrt{\xi} \quad , \quad V[X] = \lambda^2 \xi\,(\xi - 1)$$

\* 積率母関数は存在しない.

グラフ

$m, \sigma^2$ の値によっては
グラフの形状が変わる.

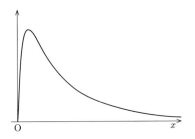

　何らかの量の対数またはその補正を考える例として，音の大きさ，遮蔽物に
対する音の透過率，恒星の等級，地震のマグニチュードなどがある．対数正規
分布は感染症の潜伏期間，故障間隔，所得分布にも用いられ，適用される現象
は多様である．

【ex.3-12】　$X$ が $m = 1$, $\sigma^2 = 4$ の対数正規分布にしたがうとき，
$P(1 \leqq X \leqq 8)$ の値を求めよ．

---

**解答**
$\log X$ が $N(1, 4)$ にしたがうから，標準化：$Z = \dfrac{\log X - 1}{2}$

$$P(1 \leqq X \leqq 8) = P\left(\frac{0 - 1}{2} \leqq Z \leqq \frac{\log 8 - 1}{2}\right)$$

$$= P(-0.5 \leqq Z \leqq 0.5397)$$

$$\fallingdotseq P(-0.5 \leqq Z \leqq 0.54)$$

$$= I(0.54) - I(-0.5) = I(0.54) + I(0.5)$$

$$= 0.2054 + 0.1915 = 0.3969 \fallingdotseq 0.397$$

---

**問 3.40**　$X$ が $m = 0$, $\sigma^2 = 0.25$ の対数正規分布にしたがうとき，次の値を求
めよ．　　(1) $P(e^{-1} \leqq X \leqq e)$　　　(2) $P(1 \leqq X \leqq 3)$　　　(3) $P(X \geqq 1.5)$

**問 3.41**　ある感染症の潜伏期間（日数）が $m = \log 2$, $\sigma^2 = 4$ の対数正規分布に
したがうとき，次の問いに答えよ．
　(1) 潜伏期間の平均を求めよ．　　　(2) 平均より遅く発症する確率を求めよ．

# Chapter 4　多次元の確率分布

この章では多次元確率分布を紹介し，「相関と回帰」の初等部分に触れる.

## 4.1　2 次元確率分布

確率変数 $X$ と $Y$ およびそれらの確率分布が与えられているとする.

定義 （同時分布，周辺分布）　2 つの確率変数のペア $(X,Y)$ を「2 次元確率変数」といい，$(X,Y)$ に関する事象とその確率との対応規則を

$$\text{「}(X,Y) \text{ の同時分布」（同時確率分布）}$$

という．さらに $(X,Y)$ のうち $X$ または $Y$ の 1 つだけに着目した 1 次元確率分布を同時確率分布に対し「周辺分布」（周辺確率分布）という．このとき，離散型の場合の「確率関数」および連続型の場合の「密度関数」をそれぞれ「周辺確率関数」，「周辺密度関数」という.

【$X,Y$ が離散型の場合】

設定　$X$ の周辺確率関数を $P(X=x_i)=p_i$　$(i=1,2,...)$
　　　$Y$ の周辺確率関数を $P(Y=y_j)=q_j$　$(j=1,2,...)$　とする.

定義 （同時確率関数）　離散型確率変数 $X,Y$ について

$$P\big((X,Y)=(x_i,y_j)\big)=p_{ij}\quad (i,j=1,2,3,...)$$

を「$(X,Y)$ の同時確率関数」という.

\*　$P(X=x_i,Y=y_j)$ という表記も使用する.

**【ex.4-1】**    $(X, Y)$ の同時確率関数が

$$P(X = i, Y = j) = \frac{1}{2}\left(\frac{1}{3}\right)^{i-1}\left(\frac{1}{4}\right)^{j-1} \qquad (i, j = 1, 2, ...)$$

であるとき $P(X + Y = 3)$ の値は

$$P(X + Y = 3) = P(X = 1, Y = 2) + P(X = 2, Y = 1)$$

$$= \frac{1}{2}\left(\frac{1}{3}\right)^{0}\left(\frac{1}{4}\right)^{1} + \frac{1}{2}\left(\frac{1}{3}\right)^{1}\left(\frac{1}{4}\right)^{0} = \frac{7}{24}$$

**【$X, Y$ が連続型の場合】**

> **設定**    $X$ の周辺密度関数を $f_1(x)$, $Y$ の周辺密度関数を $f_2(y)$ とする.

**定義** (同時密度関数)    連続型確率変数 $X, Y$ に対して, 次の 3 条件をみたす 2 変数関数 $f(x, y)$ を考える:

> (1)  $f(x, y) \geqq 0$    $((x, y) \in \boldsymbol{R}^2)$
>
> (2)  $\displaystyle\iint_{\boldsymbol{R}^2} f(x, y)\, dxdy = 1$
>
> (3)  $P(D) = P\big((X, Y) \in D\big) = \displaystyle\iint_{D} f(x, y)\, dxdy$    ($D$ は任意の事象)

この $f(x, y)$ を 「$(X, Y)$ の同時密度関数」 (同時確率密度関数) という.

**【ex.4-2】**    $(X, Y)$ の同時密度関数が

$$f(x, y) = \frac{1}{2\pi} \exp\left(-(x^2+y^2)/2\right) \qquad ((x, y) \in \boldsymbol{R}^2)$$

であるとき $P(X^2 + Y^2 \leqq 1)$ の値は (計算略)

$$P(X^2 + Y^2 \leqq 1) = \iint_{x^2+y^2 \leqq 1} \frac{1}{2\pi} \exp\left(-(x^2+y^2)/2\right) dxdy$$

$$= 1 - e^{-1/2} \quad (\fallingdotseq 0.393)$$

## 4.2 2 つの確率変数の独立性

定義 （確率変数の独立性）

確率変数 $X, Y$ と $X$ についての事象 $A$, $Y$ についての事象 $B$ に対し

$$P(X \in A,\ Y \in B) = P(X \in A)P(Y \in B) \qquad (A, B \text{ は任意})$$

が成り立つとき「$X, Y$ は独立である」という.

定理 確率変数 $X, Y$ が独立であることは次のことと同値である.

「離散型のとき」 $\quad p_{ij} = p_i q_j \quad (i, j = 1, 2, 3, ...)$

「連続型のとき」 $\quad f(x, y) = f_1(x)f_2(y) \quad ((x, y) \in \boldsymbol{R}^2)$

\* 設定／状況が不変のとき

「無作為性（ランダム性）」から「独立性」がある

とみなしてよい.

【ex.4-3】 著者 A,B の本の 10 ページあたりのミスプリント箇所数をそれぞれ $X, Y$ とし，$X$ はポアソン分布 $P_o(1.2)$，$Y$ はポアソン分布 $P_o(2.1)$ にしたがい，$X, Y$ は独立とする．このとき，$(X, Y)$ の同時確率関数は

$$P(X = i, Y = j) = e^{-1.2}\frac{(1.2)^i}{i!} \cdot e^{-2.1}\frac{(2.1)^j}{j!} = e^{-3.3}\frac{(1.2)^i(2.1)^j}{i!j!}$$

$$(i, j = 0, 1, 2, ...)$$

【ex.4-4】 ある 2 つの製品の故障時間間隔を $X, Y$ （年）とし，$X$ が 平均 1 （年）の指数分布，$Y$ が平均 2 （年）の指数分布にしたがうとする．また $X, Y$ は独立とする．このとき，$(X, Y)$ の同時密度関数は

$$f(x, y) = f_1(x)f_2(y) = \begin{cases} \dfrac{1}{2}\, e^{-x-y/2} & (x > 0, y > 0) \\ 0 & (\text{その他}) \end{cases}$$

## 4.3  $Z = g(X, Y)$ の平均, 分散

定義 （離散型の場合）　$(X, Y)$ の同時確率関数を
$$P(X = x_i, Y = y_j) = p_{ij} \ \ (i, j = 1, 2, ...)$$
とする. 1 次元確率変数 $Z = g(X, Y)$ に対して

$$E[g(X, Y)] = \sum_{i,j} g(x_i, y_j) p_{ij} \qquad を \ g(X, Y) \ の平均$$

$$V[g(X, Y)] = \sum_{i,j} \{g(x_i, y_j) - E[Z]\}^2 p_{ij} \quad を \ g(X, Y) \ の分散$$

という.

定義 （連続型の場合）　$(X, Y)$ の同時密度関数を $f(x, y)$ とする. 1 次元確率変数 $Z = g(X, Y)$ に対して

$$E[g(X, Y)] = \iint_{\boldsymbol{R}^2} g(x, y) f(x, y) \, dxdy \qquad を \ g(X, Y) \ の平均$$

$$V[g(X, Y)] = \iint_{\boldsymbol{R}^2} \left(g(x, y) - E[Z]\right)^2 f(x, y) \, dxdy \quad を \ g(X, Y) \ の分散$$

という.

　標準偏差, 積率母関数も同様に定義される. これらは 2 章で述べた平均, 分散の性質をもっている. さらに, 次のことも成り立つ ($a, b, c$ は定数).

---

性質 4-1　$E[aX + bY + c] = aE[X] + bE[Y] + c$

性質 4-2　<u>$X, Y$ が独立のとき</u>

$$E[XY] = E[X] \, E[Y]$$

$$V[aX + bY + c] = a^2 V[X] + b^2 V[Y]$$

---

## 4.4 2 変量間の相関

2 変量 $X, Y$ の関連性を考える．ここでは確率変数 $X, Y$ は実現値（データ）を伴うものとし「変量」と呼ぶことにする．

具体例

- 入学前の数学の学力と入学後の数学の学力
- 100 m 走のタイムとスタート反応時間
- 部品の精度と製品の故障間隔
- サッカーのボール支配率とシュート数
- 自治体規模とゴミの量
- 理論値（予測値）と測定値
- タイヤのグリップ力と耐久性

などについて，関連があるかないか，関連性から予測式を作れないか，を考えるが，初等部分にとどめる．深く知りたい人は他書（例えば，文献 [6], [7], [12]）を参照してほしい．

設定　$(X, Y)$ のデータが次のように与えられているとする：

|   | No.1 | No.2 | No.3 | $\cdots$ | No.$n$ |
|---|------|------|------|----------|--------|
| $X$ | $x_1$ | $x_2$ | $x_3$ | $\cdots$ | $x_n$ |
| $Y$ | $y_1$ | $y_2$ | $y_3$ | $\cdots$ | $y_n$ |

＊　$x_j, y_j$ は同じ対象（No.$j$）についての 2 種類の値である．こうしたデータを「対応があるデータ」という．

事項 4-3 【相関】

$(x_j, y_j)$　$(j = 1, 2, ..., n)$　を平面上に表した図を「散布図」（相関図）という．関連性を視覚的に知ることができる．

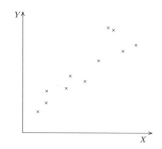

(I)　$X$ が増加すれば $Y$ も増加
　　　する傾向がある場合

このとき $X,Y$ には
　　　「正の相関がある」
といい，散布図では右のような場
合である（右上がりの傾向）.

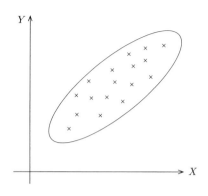

(II)　$X$ が増加すれば $Y$ が減少
　　　する傾向がある場合

このとき $X,Y$ には
　　　「負の相関がある」
といい，散布図では右のような場
合である（右下がりの傾向）.

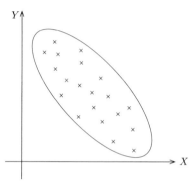

(III)　正負の相関がない場合

このとき $X,Y$ には
　　　「相関がない」（無相関）
といい，散布図では右のような場
合が考えられるが，このイメージだ
けではない．散布図で均等にちら
ばるのは $X,Y$ に関連がない場合，
言い換えれば「$X,Y$ が独立の場
合」にあたる．一般に
　　　「独立ならば無相関である」
が逆は成り立たない．ただし $(X,Y)$ が 2 次元正規分布（文献 [19] など）
にしたがう場合は逆も成り立つ.

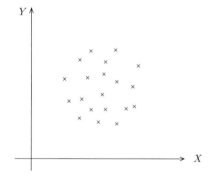

$X, Y$ の直線関係について考える.

定義 （相関係数：データの場合）

$r = r(X, Y) = \dfrac{\mathrm{Cov}(X, Y)}{\sigma_X \sigma_Y}$ を「$X, Y$ の相関係数」という. ここで,

$\mathrm{Cov}(X, Y) = \dfrac{1}{n} \displaystyle\sum_{j=1}^{n} (x_j - m_X)(y_j - m_Y)$ （「$X, Y$ の共分散」という）

$m_X = \dfrac{1}{n} \displaystyle\sum_{j=1}^{n} x_j$ , $\sigma_X = \sqrt{\dfrac{1}{n} \displaystyle\sum_{j=1}^{n} (x_j - m_X)^2}$

$m_Y = \dfrac{1}{n} \displaystyle\sum_{j=1}^{n} y_j$ , $\sigma_Y = \sqrt{\dfrac{1}{n} \displaystyle\sum_{j=1}^{n} (y_j - m_Y)^2}$

相関係数の性質

- ・ $-1 \leqq r \leqq 1$
- ・ $X, Y$ に直線関係があるときは $r = \pm 1$ であり, かつそのときに限る.
- ・ $X, Y$ が独立ならば（無相関であり） $r = 0$
- ・ $r$ は単位変換で不変である（無次元数）.

これらのことから $\underline{X, Y \text{ の直線関係の尺度}}$ として相関係数 $r$ を利用する.

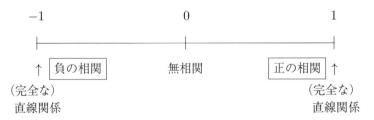

\* 実際には相関係数の値の解釈は難しく, $\underline{\text{個々のケースの要求度により}}$ $\underline{\text{判断基準が変わる}}$.

【ex.4-5】 走り幅跳びの選手 15 人について，50 m 走のタイム $X$（秒）と走り幅跳びの記録 $Y$ (m) を調べたら次のようになった．このデータから $X, Y$ の相関係数を求めよ．

|  | No.1 | No.2 | No.3 | No.4 | No.5 | No.6 | No.7 | No.8 | No.9 | No.10 |
|---|---|---|---|---|---|---|---|---|---|---|
| $X$ | 5.88 | 6.20 | 6.10 | 6.12 | 5.99 | 5.97 | 5.64 | 5.58 | 5.75 | 6.25 |
| $Y$ | 7.62 | 6.98 | 6.25 | 6.55 | 7.28 | 7.45 | 7.85 | 8.12 | 7.45 | 7.10 |

|  | No.11 | No.12 | No.13 | No.14 | No.15 |
|---|---|---|---|---|---|
| $X$ | 6.35 | 6.33 | 6.25 | 6.56 | 5.99 |
| $Y$ | 6.78 | 6.52 | 6.18 | 5.99 | 6.85 |

解

$$m_X = \frac{1}{15}(5.88 + \cdots + 5.99) = 6.064$$

$$\sigma_X^2 = \frac{1}{15}\left\{(5.88 - 6.064)^2 + \cdots + (5.99 - 6.064)^2\right\} = 0.0705$$

$$\sigma_X = \sqrt{0.0705} = 0.2655$$

$$m_Y = \frac{1}{15}(7.62 + \cdots + 6.85) = 6.998$$

$$\sigma_Y^2 = \frac{1}{15}\left\{(7.62 - 6.998)^2 + \cdots + (6.85 - 6.998)^2\right\} = 0.3743$$

$$\sigma_Y = \sqrt{0.3743} = 0.6118$$

$$\mathrm{Cov}(X, Y) = \frac{1}{15}\{(5.88 - 6.064)(7.62 - 6.998) + \cdots$$
$$+ (5.99 - 6.064)(6.85 - 6.998)\}$$
$$= -0.1393$$

したがって，相関係数は $\quad r = \dfrac{-0.1393}{0.2655 \times 0.6118} = -0.858$

\* **ex.4-5** の散布図は右のようになる．

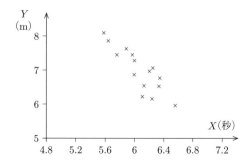

**問 4.1**　ある高校のあるクラスでの数学のテストと関心度の点数のデータから相関係数を計算せよ（関心度はアンケートから点数化したものである）.

|  | No.1 | No.2 | No.3 | No.4 | No.5 | No.6 | No.7 | No.8 |
|---|---|---|---|---|---|---|---|---|
| 数学テスト $X$ | 50 | 68 | 85 | 20 | 72 | 13 | 60 | 35 |
| 関心度の点数 $Y$ | 44 | 91 | 70 | 35 | 88 | 15 | 62 | 31 |

|  | No.9 | No.10 | No.11 |
|---|---|---|---|
| $X$ | 20 | 90 | 38 |
| $Y$ | 20 | 77 | 48 |

**問 4.2**　ある物理公式を使った理論値 $X$ と実験値 $Y$ のデータから, $X, Y$ の相関係数を計算せよ.

|  | No.1 | No.2 | No.3 | No.4 | No.5 | No.6 | No.7 | No.8 | No.9 | No.10 |
|---|---|---|---|---|---|---|---|---|---|---|
| 理論値 $X$ | 6.72 | 7.35 | 12.48 | 15.10 | 4.87 | 12.26 | 8.86 | 13.84 | 21.21 | 14.88 |
| 実験値 $Y$ | 7.02 | 7.92 | 12.02 | 15.68 | 4.58 | 12.71 | 9.02 | 13.48 | 20.85 | 14.21 |

**問 4.3**　次の 15 カ国の 1 人あたりの GDP $X$ と平均寿命 $Y$ のデータから $X, Y$ の相関係数を計算せよ.

|  | No.1 | No.2 | No.3 | No.4 | No.5 | No.6 | No.7 | No.8 |
|---|---|---|---|---|---|---|---|---|
| $X$（百ドル） | 5.8 | 72.3 | 95.1 | 313.7 | 130.1 | 244.3 | 249.7 | 301.4 |
| $Y$（歳） | 62.6 | 70.2 | 72.4 | 76.2 | 77.0 | 74.3 | 72.1 | 69.8 |

|  | No.9 | No.10 | No.11 | No.12 | No.13 | No.14 | No.15 |
|---|---|---|---|---|---|---|---|
| $X$ | 4.1 | 17.7 | 6.7 | 16.2 | 26.1 | 50.1 | 36.6 |
| $Y$ | 50.1 | 53.8 | 54.7 | 60.2 | 71.6 | 72.5 | 68.1 |

**問 4.4**　次のデータから, $X, Y$ の相関係数を求めよ.

|  | No.1 | No.2 | No.3 | No.4 | No.5 | No.6 | No.7 | No.8 | No.9 | No.10 | No.11 | No.12 |
|---|---|---|---|---|---|---|---|---|---|---|---|---|
| $X$ | 22 | 50 | 82 | 60 | 48 | 54 | 86 | 20 | 45 | 62 | 53 | 72 |
| $Y$ | 73 | 90 | 125 | 78 | 120 | 110 | 130 | 66 | 80 | 130 | 81 | 105 |

注意事項

- 散布図は単位のとりかたにより左右されるので，意図的な印象の操作をしないように努めるべきである．
- 散布図と相関係数を両方考慮したうえで判断すべきである．
- 相関関係と因果関係は異なる概念である．これらを区別しないのは統計の誤用である．
- 設定した変量に対して，適切なデータを採取する必要がある．
- 相関を調べるときは，関連性が予測される変量を対象とすべきである．これは「みかけの相関」が現れることがあるからである．

例えば，生徒の「身長」と「知識量」の関連性を考えてみる．小・中学生を調査すると，年令と身長に相関があるのは成長期では自然であろう．また，年令と知識量の相関も予測されるであろう．したがって，身長と知識量の相関は実際より高くなってしまうが，成長期における「年令」という要因を介しているだけであって，本質的な相関ではない．こうした別の要因を介して実際より高められた相関を「みかけの相関」（擬似相関）という．

事項 4–4 【変数変換】　さて，相関係数が直線的関連性の尺度になることは述べたが，直線以外の関連性ではどうだろうか？これについては変数変換である程度対応できる．次の例は，1 変量の度数分布であるが，直線的関連性を調べるために相関係数を利用してみる．

【ex.4-6】　「地震の規模と頻度の関連性」

次の資料は，1961 年から 99 年までのマグニチュード 5 以上の地震の頻度である．（文献 [14] 地学，$X$：地震規模（マグニチュード），$Y$：回数）

| $X$ | 5.0 | 5.1 | 5.2 | 5.3 | 5.4 | 5.5 | 5.6 | 5.7 | 5.8 | 5.9 | 6.0 | 6.1 | 6.2 | 6.3 | 6.4 | 6.5 |
|---|---|---|---|---|---|---|---|---|---|---|---|---|---|---|---|---|
| $Y$ | 632 | 581 | 469 | 379 | 306 | 285 | 217 | 216 | 160 | 126 | 109 | 80 | 63 | 48 | 40 | 34 |

| $X$ | 6.6 | 6.7 | 6.8 | 6.9 | 7.0 | 7.1 | 7.2 | 7.3 | 7.4 | 7.5 | 7.6 | 7.7 | 7.8 | 7.9 | 8.0 | 8.1 |
|---|---|---|---|---|---|---|---|---|---|---|---|---|---|---|---|---|
| $Y$ | 33 | 23 | 15 | 14 | 15 | 12 | 7 | 2 | 3 | 4 | 3 | 3 | 4 | 2 | 0 | 2 |

散布図は右のようになり，関連
があるのは明らかであろう．しか
し，直線関係ではないことも分か
るであろう．相関係数を計算する
と $r(X, Y) = -0.827$ である．

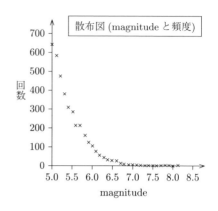

散布図 (magnitude と頻度)

次に $X, Y$ の関係を曲線関係と
して考えてみる．どういう曲線（ま
たは関数）を設定するかによって
答えが変わってくるが，指数関数
を使って $\boxed{Y = \alpha e^{-\beta X}}$ と設
定すると（両辺の対数をとり）

$$\boxed{\log Y = -\beta X + \log \alpha}$$

という関係になる．

したがって，$X$ と $\log Y$ には直
線関係があることになる（$W = \log Y$ とおく）．実際，$X, W$ の散
布図は右のようになり（一部，階
級合併した），変換後の直線関係は
見て分かるほどであり，相関係数
も $r(X, W) = -0.989$ となる．

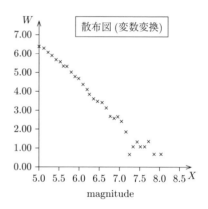

散布図 (変数変換)

「変換例」（文献 [6] など）

| モデル式（設定式） | $X$ の変換 | $Y$ の変換 |
|---|---|---|
| $Y = \alpha e^{-\beta X}$ | そのまま | $W = \log Y$ |
| $Y = \alpha X^{\beta}$ | $U = \log X$ | $W = \log Y$ |
| $Y = \alpha + \beta \log X$ | $U = \log X$ | そのまま |
| $Y = \dfrac{X}{\alpha X - \beta}$ | $U = \dfrac{1}{X}$ | $W = \dfrac{1}{Y}$ |
| $Y = \dfrac{e^{\alpha + \beta X}}{1 + e^{\alpha + \beta X}}$ | そのまま | $W = \log \dfrac{Y}{1 - Y}$ |

## 4.5　回帰直線

2 変量 $X, Y$ にある程度相関があるとし，$X$ から $Y$ を予測する式を作る（$Y$ から $X$ を予測する式も作ることができる）．設定は前節と同じである：

|   | No.1 | No.2 | No.3 | $\cdots$ | No.$n$ |
|---|------|------|------|----------|--------|
| $X$ | $x_1$ | $x_2$ | $x_3$ | $\cdots$ | $x_n$ |
| $Y$ | $y_1$ | $y_2$ | $y_3$ | $\cdots$ | $y_n$ |

まず，予測する直線の式（予測式）を $Y = aX + b$ とする．各 $(x_j, y_j)$ について $X = x_j$ のときの「予測値 $ax_j + b$」と「測定値 $y_j$」の誤差 $y_j - (ax_j + b)$ の絶対値が小さい方が望ましい．そこで，

誤差平方和： $$\mathrm{SSE} = \sum_{j=1}^{n} \left\{ y_j - (ax_j + b) \right\}^2$$ が最小となる係数 $a, b$ を採

用する．こうしてできる予測 1 次式は $$Y = r\,\frac{\sigma_Y}{\sigma_X}\,(X - m_X) + m_Y$$

となる．

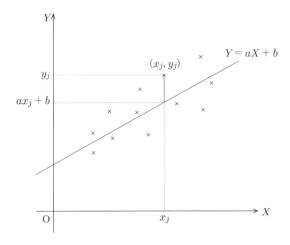

定義 （回帰直線）　予測式

$$Y = r \frac{\sigma_Y}{\sigma_X}(X - m_X) + m_Y$$

を「$Y$ の回帰直線」という.

【ex.4-7】　ex.4-5 の場合に，$Y$ の回帰直線を求めよ.

解 （相関係数などの計算は省略する. ex.4-5 を見よ.）

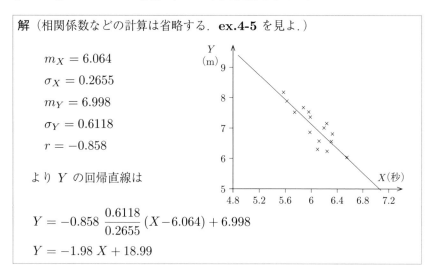

$m_X = 6.064$

$\sigma_X = 0.2655$

$m_Y = 6.998$

$\sigma_Y = 0.6118$

$r = -0.858$

より $Y$ の回帰直線は

$$Y = -0.858\,\frac{0.6118}{0.2655}(X - 6.064) + 6.998$$

$$Y = -1.98\,X + 18.99$$

問 4.5　次の場合に $Y$ の回帰直線を求めよ.

(1) 問 4.1 の場合　(2) 問 4.2 の場合　(3) 問 4.3 の場合　(4) 問 4.4 の場合

補足　相関係数の 2 乗：$r^2$ は「寄与率」または「決定係数」と呼ばれ，データのばらつきを回帰直線によって説明できる割合を表している.

## 4.6　$n$ 次元確率分布

　連続型に限定して $n$ 次元の場合に触れる. $n$ 個の確率変数 $X_1, X_2, ..., X_n$ に対し, $(X_1, X_2, ..., X_n)$ を「$n$ 次元確率変数」という. $(X_1, X_2, ..., X_n)$ に関する事象とその確率との対応を $(X_1, X_2, ..., X_n)$ の「同時分布」(同時確率分布) といい, 1 つの確率変数 $X_j$ $(j = 1, ..., n)$ の 1 次元確率分布を $X_j$ の「周辺分布」(周辺確率分布) という.

---

$\boxed{\text{定義}}$ 　$X_1, X_2, ..., X_n$ を連続型確率変数とする.

(1) 同時密度関数　$f(x_1, ..., x_n)$

$$\begin{cases} f(x_1, ..., x_n) \geqq 0 \quad ((x_1, ..., x_n) \in \boldsymbol{R}^n) \\ \displaystyle\int_{\boldsymbol{R}^n} f(x_1, ..., x_n)dx_1 \cdots dx_n = 1 \\ P(D) = P\big((X_1, ..., X_n) \in D\big) = \displaystyle\int_D f(x_1, ..., x_n)\, dx_1 \cdots dx_n \\ \qquad\qquad\qquad\qquad\qquad\qquad (D \text{ は任意の事象}) \end{cases}$$

をみたす $n$ 変数関数 $f(x_1, ..., x_n)$ を $(X_1, ..., X_n)$ の「同時密度関数」という.

(2) 周辺密度関数　$f_j(x_j)$　　$(j = 1, 2, ..., n)$

　各 $X_j$ の密度関数 $(f_j(x_j)$ と表す) を $X_j$ の「周辺密度関数」という.

(3) 独立性　　同時密度関数と周辺密度関数について

$$f(x_1, ..., x_n) = f_1(x_1) \cdots f_n(x_n) \quad (x_1, ..., x_n \in \boldsymbol{R})$$

が成り立つとき, $X_1, X_2, ..., X_n$ は「独立である」という.

\* 　$X_1, X_2, ..., X_n$ が互いに確率的な影響を与えないことを意味する.

## (4) $Z = \varphi(X_1, ..., X_n)$ の平均，分散，積率母関数

$n$ 変数関数 $\varphi(x_1, ..., x_n)$ に対して，$Z = \varphi(X_1, ..., X_n)$ とするとき

$Z$ の平均を $\qquad E[Z] = \displaystyle\int_{\mathbf{R}^n} \varphi(x_1, ..., x_n) f(x_1, ..., x_n)\, dx_1 \cdots dx_n$

$Z$ の分散を $\qquad V[Z] = E\left[ \Big( \varphi(X_1, ..., X_n) - E[Z] \Big)^2 \right]$

$Z$ の積率母関数を $\quad M_Z(t) = E\left[ \exp(t\varphi(X_1, ..., X_n)) \right]$

と定義する．また，$Z$ の標準偏差は $\sqrt{V[Z]}$ で定義する．

---

**性質** 4-5 （平均，分散について） $k_1, ..., k_n$ を定数とする．

(1) $\quad E[k_1 X_1 + \cdots + k_n X_n] = k_1 E[X_1] + \cdots + k_n E[X_n]$

(2) $\quad X_1, ..., X_n$ が独立であるとき

$$V[k_1 X_1 + \cdots + k_n X_n] = k_1^2 V[X_1] + \cdots + k_n^2 V[X_n]$$

$$E[X_1 X_2 \cdots X_n] = E[X_1] E[X_2] \cdots E[X_n]$$

---

＊ 離散型の場合を省いたが，同時確率関数などは 2 次元の場合の拡張として同様に定義される．そのとき，**性質** 4-5 は離散型の場合でも成り立つ．

# Chapter 5    統計量，標本分布

　統計調査というと「国勢調査」や「世論調査」などが頭に浮かぶが，この2つは異なる種類の調査である．国勢調査のように「設定した対象すべての調査」を「全数調査」という．全数調査のメリットはすべての状況が分かることであるが，ディメリットは時間，手間，コストがかかることである．さらに，時間がかかるため，調査結果が利用できるまでに状況が変化していることもある．

　これに対し「世論調査」や「視聴率調査」は，全体の中から「一部分」を選び出し，その一部分を調べて「全体を推測する」という調査である．これを「標本調査」といい，以降これを扱う．

## 5.1　標本調査

### 用語

> 「**母集団**」　・・・　調査（考察）対象全体
> 「**サンプル**」，「**標本**」　・・・　母集団から取り出した一部分
> 「**サンプルサイズ**」，「**標本の大きさ**」　・・・　サンプルの要素の個数
> 「**サンプリング**」，「**標本抽出**」　・・・　サンプルを選び出す操作
> 「**標本調査**」　・・・　母集団の特性を調べるために，サンプルを抽出して
> 　　　　　　　　　　行う調査

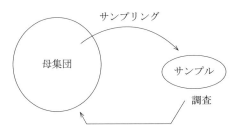

標本調査のメリット

- コスト，時間，労力が小さい（または短い）．
- 全数調査ができない場合または意味がなくなる場合でも調査可能．

標本調査のディメリット

- 推測はできるが推測にすぎない．つまり，誤差を覚悟せねばならない．

注意 (1)　母集団は「対象となる数量」まで込めて考える．
　　 (2)　設定した対象範囲を後から都合よく変えてはいけない．

標本調査により母集団を調べたいときには，

<u>サンプルが母集団の縮図になっている</u>

ことが望まれる．そのためには，偏ったサンプルでないことが要求される．

定義 （ランダムサンプル，ランダムサンプリング）
　母集団の構成要素が等確率で抽出される方法を「ランダムサンプリング」
（無作為抽出），抽出されたサンプルを「ランダムサンプル」（無作為標本）という．

＊　作為的でない抽出で許容範囲であればランダムサンプルとみなしてよい．

ここでは，「単純ランダムサンプリング」（母集団から直接，構成要素を抽出するランダムサンプリング）のみを扱う．サンプリングについては文献 [8], [9].

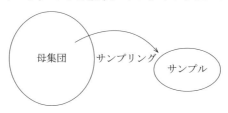

## 設定と目標

「**設定**」　「無限母集団」で「単純ランダムサンプリング」の場合 を扱う.

　構成要素が無限個の母集団を「無限母集団」という. 有限個でもその数が非常に大きい場合は無限個とみなしてよい.

● 「**母集団確率変数**」と「**母集団分布**」

　母集団は確率変数と考えることができる. これを $X$ で表し「母集団確率変数」という. この $X$ の確率分布（母集団の確率分布）を「母集団分布」という.

● 　サイズ $n$ のランダムサンプルの各要素を確率変数と考え, $\{X_1, X_2, ..., X_n\}$ と表す. 調査データの値はその確率変数の「実現値」という.

● 　$\{X_1, X_2, ..., X_n\}$ の性質

> ・　各 $X_j$ は母集団分布と同じ確率分布にしたがう.
> ・　$X_1, X_2, ..., X_n$ は独立であると考えてよい.

「**目標**」　サンプルの情報から母集団を調べる.

> (1)　母集団のパラメータを推測する.（推定：6 章）
> (2)　母集団のパラメータについて統計的な判断を行う.（検定：7 章）

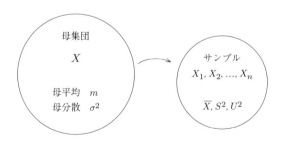

---

単に対象全体を $\Omega$ を母集団とよぶこともあるが, ここでは対象となる数量を確率変数 $X$ とし, $\Big\{(\omega, X(\omega)) \,|\, \omega \in \Omega\Big\}$ を母集団とした. 言い換えれば「集合」と「確率変数」の 2 つの面をもつという定義である.

## 5.2 統計量

以降扱うパラメータは母集団の平均 $m$, 分散 $\sigma^2$, および母集団での比率 $p$ （母比率；後述）である. このとき次の用語を用いる.

| 用語 | 母集団確率変数を $X$ とする. |

「母平均」（$m$ と表す） ・・・ 母集団の平均（$E[X]$）
「母分散」（$\sigma^2$ と表す） ・・・ 母集団の分散（$V[X]$）
「母標準偏差」（$\sigma$ と表す） ・・・ 母集団の標準偏差（$\sqrt{V[X]}$）

パラメータについて，推定／検定を行うときは「統計量」を利用する.

| 用語 | （定義） ランダムサンプルを $\{X_1, X_2, ..., X_n\}$ とする. |

「統計量」 ・・・確率変数：$Y = \varphi(X_1, X_2, ..., X_n)$
（$\varphi$ は未知パラメータを含まない関数）
「標本分布」 ・・・統計量の確率分布

**【ex.5-1】** （統計量の例）

$$\overline{X} = \frac{1}{n}\sum_{j=1}^{n} X_j \qquad \text{「標本平均」}$$

$$S^2 = \frac{1}{n}\sum_{j=1}^{n}(X_j - \overline{X})^2 \qquad \text{「標本分散」}$$

$$S = \sqrt{S^2} \qquad \text{「標本標準偏差」}$$

$$U^2 = \frac{1}{n-1}\sum_{j=1}^{n}(X_j - \overline{X})^2 \quad \text{「不偏分散」} \qquad (U = \sqrt{U^2})$$

\* $nS^2 = (n-1)U^2$ , $\sqrt{n}\,S = \sqrt{n-1}\,U$

\* サンプルから得られる平均が標本平均，サンプルから得られる分散が標本分散で，単に「平均」と記したとき「母平均，標本平均」のどちらなのかを文脈から判断する. 「分散／標準偏差」も同様.

注意 標本分散／標本標準偏差の定義は 2 通りある．**本書では (1) を採用**
する．
(1)　$S^2$ :　標本分散 　,　$S = \sqrt{S^2}$ :　標本標準偏差
(2)　$U^2$ :　標本分散 　,　$U = \sqrt{U^2}$:　標本標準偏差

【ex.5-2】　ある投手のストレートの球速を（疲労などの影響がでないように
して）無作為に 12 回調べたら次のようになった：

138, 135, 143, 137, 131, 140, 142, 135, 138, 142, 144, 137　(km/h)

このデータから，標本平均，標本分散，不偏分散の値を計算せよ．

解　　$\overline{X} = \dfrac{1}{12}(138 + 135 + \cdots + 137) = 138.5$

$S^2 = \dfrac{1}{12}\Big\{(138-138.5)^2 + (135-138.5)^2 + \cdots + (137-138.5)^2\Big\} = 13.58$

$U^2 = \dfrac{n}{n-1}S^2 = \dfrac{12}{11} \cdot 13.583 = 14.82$

問 **5.1**　ある弁当屋のライスを 5 個買って重さを調べたところ
223, 227, 220, 226, 219　(g)
であった．このデータから，標本平均，標本分散，不偏分散の値を計算せよ．

問 **5.2**　あるノートパソコンのバッテリー駆動時間を（同一条件下で）調べたら
8.8, 9.2, 8.9, 9.3, 9.5, 8.9　(h)
であった．このデータから，標本平均，標本分散，不偏分散の値を計算せよ．

問 **5.3**　ある井戸水のマグネシウムの含有量（濃度）を 8 回調べてみた．次のデー
タから標本平均，標本分散，不偏分散の値を計算せよ．
1.48, 1.52, 1.45, 1.51, 1.44, 1.55, 1.54, 1.41　(mg/L)

問 **5.4**　ある都市で夏の最高気温を 7 日間調べてみた．次のデータから標本平均，
標本分散，不偏分散の値を計算せよ．
30.4, 32.8, 35.6, 33.2, 28.9, 35.2, 32.1　(度)

## 5.3 標本平均と標本分散，不偏分散の平均，分散

**性質** [5-1]   $E[\overline{X}] = m$  ,   $V[\overline{X}] = \dfrac{\sigma^2}{n}$

**性質** [5-2]   $E[S^2] = \dfrac{n-1}{n}\sigma^2$  ,   $E[U^2] = \sigma^2$

＊ 不偏分散 $U^2$ の平均は母分散に一致するが，標本分散 $S^2$ はそうではない．

> **問 5.5** 母平均 $m = 5$，母分散 $\sigma^2 = 15$ の母集団からサイズ $n = 10$ のランダムサンプルを抽出したとき，$E[\overline{X}], V[\overline{X}], E[S^2], E[U^2]$ の値を求めよ．

## 5.4 標本平均 $\overline{X}$ の標本分布

[1]  **正規母集団の場合**
　母集団分布が正規分布のとき，この母集団を「正規母集団」という．

**定理** [5-3]　（正規母集団の場合の $\overline{X}$ の標本分布）

> 正規母集団からサイズ $n$ のランダムサンプルを抽出したとき
> 標本平均 $\overline{X}$ は正規分布 $N\left(m, \dfrac{\sigma^2}{n}\right)$ にしたがう．

[2]  **大標本の場合**　　サイズ $n \gg 1$ となるサンプルを「大標本」という．

**定理** [5-4]　（中心極限定理；大標本の場合の $\overline{X}$ の標本分布）

> 母集団からサイズ $n$ のランダムサンプルを抽出したとき
> $n \gg 1$ ならば標本平均 $\overline{X}$ は近似的に正規分布 $N\left(m, \dfrac{\sigma^2}{n}\right)$ にしたがう．

中心極限定理を確率変数の言葉で書き換えると次のようになる.

定理 5-5 （中心極限定理）　確率変数 $X_1, ..., X_n$ が独立で同一の確率分布にしたがうとし, $E[X_j] = m,\ V[X_j] = \sigma^2\ (j = 1, ..., n)$ とする. このとき $n \gg 1$ ならば $\displaystyle\sum_{j=1}^{n} X_j$ は近似的に正規分布 $N(nm, n\sigma^2)$ にしたがう.

事項 5-6 【2 項分布の正規近似, 標本比率の分布】

ある特性 $A$ について母集団確率変数を $X = \begin{cases} 1 & (A \text{ をもつ}) \\ 0 & (A \text{ をもたない}) \end{cases}$ とし,

$\boxed{P(X = 1) = p, \quad P(X = 0) = 1 - p \quad (0 < p < 1)}$ とする. このとき $E[X] = p,\ V[X] = p(1-p)$ である.

● この母集団からランダムサンプル $\{X_1, ..., X_n\}$ を抽出し, $Y = \displaystyle\sum_{j=1}^{n} X_j$ とおくと, $Y$ はサンプルの中で特性 $A$ をもつ個体数で, $B(n, p)$ にしたがう. 中心極限定理より, $n \gg 1$ ならば $Y$ は近似的に $N(np, np(1-p))$ にしたがう. これは, <u>$n \gg 1$ ならば 2 項分布が正規分布で近似できる</u> ことを意味する.

● 次に $\widehat{p} = \dfrac{Y}{n}$ とおくと, $\widehat{p}$ は <u>特性 $A$ のサンプルでの比率</u> であり 「標本比率」 と呼ばれる. また, 母集団での比率 $p$ を 「母比率」 という.

> 母比率 $p$　　・・・　特性 $A$ の母集団での比率
> 標本比率 $\widehat{p}$　　・・・　特性 $A$ のサンプルでの比率

中心極限定理より, $n \gg 1$ のとき $\widehat{p}$ は近似的に $N\left(p, \dfrac{p(1-p)}{n}\right)$ にしたがう.

これらのことを次の 2 つの定理にまとめておく.

70

定理 $\boxed{5-7}$ （ド・モアブル - ラプラスの定理，2 項分布の正規近似）

$n \gg 1$ のとき，$B(n,p)$ は $N(np, np(1-p))$ で近似できる．

定理 $\boxed{5-8}$ （標本比率の標本分布；大標本の場合）

特性 $A$ について，母比率を $p$ とし，サイズ $n$ のランダムサンプルを抽出し標本比率を $\hat{p}$ とする．このとき，
$n \gg 1$ ならば $\hat{p}$ は近似的に $N\left(p, \dfrac{p(1-p)}{n}\right)$ にしたがう．

【ex.5-3】　1 世帯 1 ヶ月あたりの米の消費量を $X$ (kg) とし，母平均 $m = 5.9$，母標準偏差 $\sigma = 1.2$ とする．サイズ $n = 200$ のランダムサンプルを抽出したとき，標本平均 $\overline{X}$ の標本分布を中心極限定理を用いて求めよ（近似でよい）．

解　$n = 200 \gg 1$ より
　　$\overline{X}$ は近似的に $N\left(5.9, \dfrac{1.2^2}{200}\right)$ つまり，$N(5.9, 0.0072)$ にしたがう．

問 5.6　母平均 $m = -1$，母分散 $\sigma^2 = 20$ のとき，サイズ $n = 200$ のランダムサンプルによる標本平均 $\overline{X}$ はどのような確率分布にしたがうか？（近似でよい）

問 5.7　母比率 $p = 0.6$ の母集団からサイズ $n = 300$ のランダムサンプルを抽出したとき，標本比率 $\hat{p}$ はどのような確率分布にしたがうか？（近似でよい）

問 5.8（問 3.18）　無作為に与えられた数値の小数第 1 位を四捨五入するとき，誤差 $X$ を「与えられた数値 - 四捨五入した数値」とする．
 (1) 数値が無作為に 100 個与えられたとき，誤差の和を $Y$ とする．
 　　$Y$ の確率分布を中心極限定理を用いて求めよ（近似でよい）．
 (2) $|Y| \leqq 3$ となる確率を正規分布を利用して求めよ．

## 5.5　$\chi^2$ 分布　　$\chi^2(k)$　　（カイ 2 乗分布）

定義　$k$ を自然数とする．　（$\Gamma(s)$ は ガンマ関数）

密度関数　$f_k(x) = \begin{cases} \dfrac{1}{2^{k/2}\Gamma(k/2)} x^{(k-2)/2} e^{-x/2} & (x > 0) \\ 0 & (x \leqq 0) \end{cases}$

によって定まる確率分布を「自由度 $k$ の $\chi^2$ 分布」といい，　$\chi^2(k)$　と表す．

グラフ

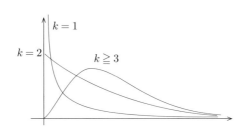

数表　確率変数 $\chi^2$ が $\chi^2(k)$ にしたがうとき，確率 $\alpha$ に対し $P(\chi^2 \geqq \ell) = \alpha$ となる数 $\ell$ を $\ell = \chi^2_k(\alpha)$ と表し，数表にしてある（数表 4）．

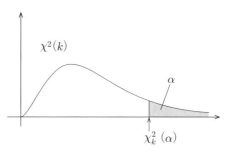

$$P(\chi^2 \geqq \chi^2_k(\alpha)) = \alpha$$

問 **5.9**　次の値を数表から求めよ．
(1)　$\chi^2_6(0.05)$　　　(2)　$\chi^2_{10}(0.95)$
(3)　$\chi^2$ が $\chi^2(15)$ にしたがうとき，$P(\chi^2 \leqq a) = 0.99$ となる $a$ の値．

定理 | 5-9 |　$S^2, U^2$ の標本分布（正規母集団の場合）

正規母集団 （$N(m, \sigma^2)$） からサイズ $n$ のランダムサンプルを抽出したとき，$\dfrac{nS^2}{\sigma^2} = \dfrac{(n-1)U^2}{\sigma^2}$ は $\chi^2(n-1)$ にしたがう．

## 5.6 $t$ 分布 $t(k)$

定義 $k$ を自然数とする. ($\mathcal{B}(x,y)$ はベータ関数)

密度関数 $\qquad f_k(x) = \dfrac{1}{\sqrt{k}\,\mathcal{B}(k/2,1/2)}\left(1+\dfrac{x^2}{k}\right)^{-(k+1)/2} \qquad (x \in \mathbf{R})$

によって定まる確率分布を「自由度 $k$ の $t$ 分布」といい, $\boxed{t(k)}$ と表す.

グラフ

$t(k)$ の密度関数のグラフは右図
のようになる. 正規分布に似た形状
で対称性もあるが, 標準正規分布と
比べると中心付近の確率が低い.

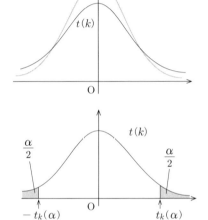

数表 確率変数 $T$ が $t(k)$ にした
がうとき確率 $\alpha$ に対し

$\qquad P(|T| \geqq \ell) = \alpha$ となる数 $\ell$

を $\ell = t_k(\alpha)$ と表し, 数表にしてあ
る (数表 5).

$\qquad \boxed{P(|T| \geqq t_k(\alpha)) = \alpha}$

問 5.10 次の値を数表から求めよ.
(1) $t_5(0.05)$
(2) $T$ が $t(5)$ にしたがうとき, $P(T \geqq a) = 0.05$ となる $a$ の値.
(3) $T$ が $t(15)$ にしたがうとき, $P(T \leqq b) = 0.01$ となる $b$ の値.

定理 5-10

正規母集団 ($N(m,\sigma^2)$) からサイズ $n$ のランダムサンプルを抽出したとき
$$T = \frac{\overline{X}-m}{S/\sqrt{n-1}} = \frac{\overline{X}-m}{U/\sqrt{n}} \text{ は } t(n-1) \text{ にしたがう } (U=\sqrt{U^2}).$$

## 5.7　$F$ 分布　$F(k_1, k_2)$

定義　$k_1, k_2$ を自然数とするとき

密度関数　$f_{k_1, k_2}(x) = \begin{cases} \dfrac{k_1^{k_1/2} k_2^{k_2/2}}{\mathcal{B}(k_1/2, k_2/2)} \cdot \dfrac{x^{(k_1-2)/2}}{(k_1 x + k_2)^{(k_1+k_2)/2}} & (x > 0) \\ 0 & (x \leqq 0) \end{cases}$

によって定まる確率分布を「自由度 $(k_1, k_2)$ の $F$ 分布」といい，　$\boxed{F(k_1, k_2)}$
と表す．

グラフ

　自由度によって形状が変わる場合
がある．

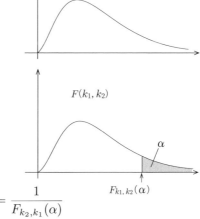

数表　確率変数 $F$ が $F(k_1, k_2)$
にしたがうとき特定の確率 $\alpha$
に対し，　$P(F \geqq \ell) = \alpha$　となる数
$\ell$ を $\ell = F_{k_1, k_2}(\alpha)$ と表し，数表に
してある（数表 6）．

$$\boxed{P(F \geqq F_{k_1, k_2}(\alpha)) = \alpha}$$

性質　$\boxed{5-11}$　　　$F_{k_1, k_2}(1 - \alpha) = \dfrac{1}{F_{k_2, k_1}(\alpha)}$

問 5.11　次の値を数表から求めよ．
(1)　$F_{3,5}(0.05)$
(2)　$F$ が $F(5, 8)$ にしたがうとき $P(F \geqq a) = 0.99$ となる $a$ の値．

定理　$\boxed{5-12}$

2 つの正規母集団 $\Pi_1(N(m_1, \sigma_1^2))$, $\Pi_2(N(m_2, \sigma_2^2))$ からそれぞれ
サイズ $n_1, n_2$ のランダムサンプルを抽出し，不偏分散を $U_1^2, U_2^2$ とする．
このとき，　$F = \dfrac{U_1^2/\sigma_1^2}{U_2^2/\sigma_2^2}$　は $F(n_1-1, n_2-1)$ にしたがう．

# Chapter 6　推定

　この章では，ランダムサンプルから母集団のパラメータを推定することを考える．前章と同じく母平均を $m$，母分散を $\sigma^2$，母比率を $p$ とし，統計量の記号も同じものを使用する．

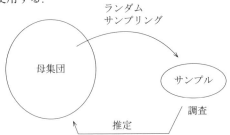

　当面，推定したいパラメータを $\theta$ と表し，$\theta$ を推定する統計量を $\widehat{\theta}$ と表す．

| 用語 | 「$\theta$ の推定量」($\widehat{\theta}$ と表す)・・・パラメータ $\theta$ を推定する統計量 |

## 6.1　点推定と区間推定

パラメータ $\theta$ の推定は「点推定」と「区間推定」の 2 つに大別される．

- 点推定・・・1 つの推定量（データの場合は 1 つの値：推定値）
  　　　　　　　による $\theta$ の推定．
- 区間推定・・・区間による推定．$\theta$ の推定幅（誤差）を考慮し，
  　　　　　　　$\theta$ が入る確率が高くなるような区間を求める．

点推定から考えるが，結果としては

| ・　母平均 $m$ の推定量として，標本平均 $\overline{X}$ |
| ・　母比率 $p$ の推定量として，標本比率 $\widehat{p}$ |
| ・　母分散 $\sigma^2$ の推定量として，不偏分散 $U^2$ または標本分散 $S^2$ |

という，よく使われる推定量が良質である，というだけである．

## 6.2　良い推定量の条件　　不偏性，最小分散性，一致性

母集団からサイズ $n$ のランダムサンプル $\{X_1, X_2, ..., X_n\}$ を抽出し，パラメータ $\theta$ の推定量を　$\widehat{\theta} = \widehat{\theta}(X_1, X_2, ..., X_n)$　とする.

### (1)　不偏性　　平均の条件

推定量 $\widehat{\theta}$ が　$E[\widehat{\theta}] = \theta$　をみたすとき，$\widehat{\theta}$ を「$\theta$ の不偏推定量」という. これは，中心が $\theta$ からずれていない推定量である.

### (2)　最小分散性　　分散の条件

推定量は，<u>不偏性の下で</u> 分散が小さいほうが望ましい. 不偏推定量の中で（$\theta$ の値によらず）分散が最小となる推定量 $\widehat{\theta}$ を「$\theta$ の一様最小分散 (UMV) 不偏推定量」という.

### (3)　一致性　　収束の条件（サンプルサイズ $n$ が大きければ $\theta$ に近づく）

サンプルサイズを $n$，パラメータ $\theta$ の推定量を $\widehat{\theta} = \widehat{\theta}_n$ とし，

$$\widehat{\theta} = \widehat{\theta}_n \longrightarrow \theta \qquad (n \longrightarrow \infty, 確率収束)$$

が成り立つとき，推定量 $\widehat{\theta}$ を「$\theta$ の一致推定量」という.

ここで「$\widehat{\theta}_n$ が $\theta$ に確率収束する」とは次のことを意味する:

$$\boxed{\text{任意の正数 } \varepsilon \text{ に対して } \lim_{n \to \infty} P(|\widehat{\theta}_n - \theta| \geqq \varepsilon) = 0}$$

（$\widehat{\theta}_n$ が $\theta$ と離れた値になる確率が 0 に収束する）

定理 6-1 （大数の (弱) 法則：文献 [15] など）

> 母集団からサイズ $n$ のランダムサンプルを抽出したとき，
>
> $$\overline{X} \to m \qquad (n \to \infty, 確率収束)$$

\*　「大数の強法則」　$P(\lim_{n \to \infty} \overline{X} = m) = 1$　も成り立つ（文献 [15] など）.

**性質** | 6-2 |　　(5, 6 章，文献 [13], [15] 参照)

　母平均 $m$ の推定量として

　　標本平均 $\overline{X}$ は「不偏性」「一致性」をもつ推定量である．

　　正規母集団の場合には「一様最小分散性」も合わせもつ．

　母比率 $p$ の推定量として

　　標本比率 $\hat{p}$ は「不偏性」「一致性」「一様最小分散性」をもつ．

　母分散 $\sigma^2$ の推定量として

　　不偏分散 $U^2$ は「不偏性」「一致性」をもつ推定量である．

　　標本分散 $S^2$ には「一致性」があるが「不偏性」はない．

　　正規母集団では，不偏分散には「一様最小分散性」がある．

　　また，サンプルサイズ $n$ が大きければ $U^2 \fallingdotseq S^2$ となる．

## 6.3　標準誤差

**定義**　推定量 $\hat{\theta}$ の標準偏差：$\sqrt{V[\hat{\theta}]}$　を「$\hat{\theta}$ の標準誤差」といい，ここでは $SE$ と表す：　$\boxed{SE = \sqrt{V[\hat{\theta}]}}$

　標準誤差は「推定精度の尺度」として用いられる．

**事項** | 6-3 |【標準誤差：母平均 $m$ を標本平均 $\overline{X}$ で推定する場合】

$$\overline{X} \text{ の標準誤差は}\quad SE = \sqrt{V[\overline{X}]} = \frac{\sigma}{\sqrt{n}}\qquad (\sigma^2 \text{ は母分散})$$

であるが，$\sigma^2$ が未知の場合は推定値：不偏分散 $U^2$ の値で代用する．

【ex.6-1】(ex.5-2) ある投手のストレートの球速を（疲労などの影響がでないようにして）無作為に 12 回調べたら次のようになった：

138, 135, 143, 137, 131, 140, 142, 135, 138, 142, 144, 137 (km/h)

このデータから $\overline{X}$ の標準誤差を計算せよ.

解　$\overline{X} = \dfrac{1}{12}(138 + 135 + \cdots + 137) = 138.5$

$U^2 = \dfrac{1}{11}\left\{(138-138.5)^2 + \cdots + (137-138.5)^2\right\} = 14.82$

母分散が未知なので $U^2$ で代用し，標準誤差は $s_e = \dfrac{\sqrt{14.82}}{\sqrt{12}} = 1.11$

問 6.1（問 5.1） ある弁当屋のライスを（ランダムに）5 個買って重さを調べたら

$$223, 227, 220, 226, 219 \quad (g)$$

であった．このデータから $\overline{X}$ の標準誤差を計算せよ.

問 6.2（問 5.2） あるノートパソコンのバッテリー駆動時間を（同一条件下で独立に）調べたところ

$$8.8, 9.2, 8.9, 9.3, 9.5, 8.9 \quad (h)$$

であった．このデータから $\overline{X}$ の標準誤差を計算せよ.

問 6.3（問 5.3） ある井戸水のマグネシウムの含有量（濃度）を（ランダムに）8 回調べてみた．次のデータから $\overline{X}$ の標準誤差を計算せよ.

$$1.48, 1.52, 1.45, 1.51, 1.44, 1.55, 1.54, 1.41 \quad (mg/L)$$

## 6.4　最尤法と最尤推定量

母集団分布のタイプが既知の場合に「最尤法」という推定法を考える.

パラメータ $\theta$ を推定対象とし，確率密度関数を $f(x) = f(x;\theta)$ とする．ランダムサンプルを $\{X_1, X_2, ..., X_n\}$ とし，調査結果から得られた値（実現値）を $\{x_1, x_2, ..., x_n\}$ とする．このとき

$$L(\theta) = \prod_{j=1}^{n} f(x_j;\theta) \quad を「尤度関数」，\quad \log L(\theta) \quad を「対数尤度関数」$$

という. 離散型確率分布では $L(\theta) = P(X_1 = x_1, X_2 = x_2, \dots, X_n = x_n)$ である. ここで, $\boxed{L(\theta) \text{ が最大となるときの } \theta = \widehat{\theta}}$ を推定値／推定量として採用する.

$\boxed{\text{定義}}$（最尤推定量）　尤度関数 $L(\theta)$ を最大にする $\widehat{\theta}$ を「$\theta$ の最尤推定値」といい, 確率変数にしたものを「$\theta$ の最尤推定量」という. また, この方法で推定量／推定値を求める方法を「最尤法」という.

【ex.6-2】　母集団分布が $N(m, \sigma^2)$ で母分散 $\sigma^2$ が既知のとき, 母平均 $m$ の最尤推定量は標本平均 $\overline{X}$ である.

【ex.6-3】　母集団分布が $N(m, \sigma^2)$ のとき, $(m, \sigma^2)$ の最尤推定量は $(\overline{X}, S^2)$ である（文献 [15] など）.

$\boxed{\textbf{6.5 \quad 大標本と近似について}}$

「大標本」とはサンプルサイズ $n$ が十分大きいサンプル（標本）のことである（$n \gg 1$）. 大標本でないサンプルは「小標本」という.

$\boxed{\text{事項}}$ $\boxed{6{-}4}$（大標本のときの近似）

---

【サンプルサイズ $n \gg 1$ のとき】　（$m$：母平均, $\sigma^2$：母分散, $p$：母比率）

- 標本平均 $\overline{X}$ は近似的に正規分布 $N(m, \sigma^2/n)$ にしたがう.
- 標本比率 $\widehat{p}$ は近似的に正規分布 $N(p, p(1-p)/n)$ にしたがう.
- 標本分散 $S^2 \fallingdotseq$ 不偏分散 $U^2$
- 母分散 $\sigma^2$ が未知のとき, 不偏分散 $U^2$ または標本分散 $S^2$ で代用できる.（＊　$S$ と $U$ の関係は　$\sqrt{n}\,S = \sqrt{n-1}\,U$）

（通常の意味で値が近いということではないが, 母分散について何も情報がなければ推定値として代用する.）

## 6.6  母平均の区間推定 1 （正規母集団で母分散 $\sigma^2$ が既知の場合または大標本の場合）

母平均 $m$ を区間推定するのに，標本平均 $\overline{X}$ を利用する．まず正規母集団で母分散 $\sigma^2$ が既知の場合を考える．| 定理 | 5-3 |と標準化より

$$Z = \frac{\overline{X} - m}{\sigma/\sqrt{n}} \text{ は標準正規分布 } N(0,1) \text{ にしたがう.}$$

ここで，$\alpha$ を正の数で $0$ に近い
値とし（例えば $\alpha = 0.01, 0.05$）

$$P(|Z| > z(\alpha)) = \alpha$$
$$P(|Z| \leqq z(\alpha)) = 1 - \alpha$$

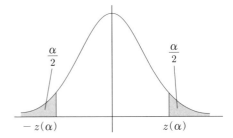

となる $z(\alpha)$ を考える．

この $z(\alpha)$ に対して　$P\left(\left|\dfrac{\overline{X} - m}{\sigma/\sqrt{n}}\right| \leqq z(\alpha)\right) = 1 - \alpha$　が成り立ち，

$$\left|\frac{\overline{X} - m}{\sigma/\sqrt{n}}\right| \leqq z(\alpha) \iff \overline{X} - z(\alpha)\frac{\sigma}{\sqrt{n}} \leqq m \leqq \overline{X} + z(\alpha)\frac{\sigma}{\sqrt{n}}$$

$$P\left(\overline{X} - z(\alpha)\frac{\sigma}{\sqrt{n}} \leqq m \leqq \overline{X} + z(\alpha)\frac{\sigma}{\sqrt{n}}\right) = 1 - \alpha$$

となる．つまり，

確率 $1-\alpha$ で区間 $\left[\overline{X} - z(\alpha)\dfrac{\sigma}{\sqrt{n}} \ , \ \overline{X} + z(\alpha)\dfrac{\sigma}{\sqrt{n}}\right]$ が母平均 $m$ を含む.

この区間を「母平均 $m$ の $(1-\alpha)$ 信頼区間」，$1-\alpha$ を「信頼度」という．例えば，$\alpha = 0.01$ のときの信頼区間は「99 % 信頼区間」とパーセントで表し，信頼度も 99 % という．この場合，繰り返し調査して信頼区間を作ればそれらの 99 % に $m$ があると解釈する．パラメータ $m$ は固定されていて調査ごとに変化するのは信頼区間 であることを注意しておく．

事項 6-5 【$z(\alpha)$ について】 ・・・ $P(|Z| > z(\alpha)) = \alpha$

$z(\alpha)$ は正規分布表（数表 3）または $t$ 分布表（自由度 $\infty$）から求めるが，よく利用される値は覚えておいた方が便利である.

$$z(0.01) = 2.576 \quad , \quad z(0.05) = 1.96 \quad , \quad z(0.1) = 1.645$$

事項 6-6 【大標本の場合】 母集団分布が不明でも中心極限定理より同様の議論ができるので，近似ではあるが信頼区間の公式も同一である. また，

母分散 $\sigma^2$ が既知ならばそれを利用し，

未知ならば $U^2$ または $S^2$ で代用する.

[ 公式 6 - 1 ]

（正規母集団で母分散 $\sigma^2$ が既知の場合，または大標本の場合）

「母平均 $m$ の $(1 - \alpha)$ 信頼区間」は

$$\left[\overline{X} - z(\alpha)\frac{\sigma}{\sqrt{n}} \,,\, \overline{X} + z(\alpha)\frac{\sigma}{\sqrt{n}}\right]$$

\* 大標本で $\sigma^2$ が未知ならば $U^2, S^2$ の値で代用.

【ex.6-4】 高校生の数学の学力調査のために，無作為に 25 人選んでテストを行ったところ，平均点が 71.5 点であった. テストの点数は正規分布にしたがうとし，母分散は 80.0（点$^2$）とする. このとき，母平均（点）の 90 ％信頼区間を求めよ.

解 テストの点数は正規分布にしたがい，$\sigma^2 = 80.0$（既知）である.

$n = 25, \overline{X} = 71.5, \sigma = \sqrt{80}, z(0.1) = 1.645$ より

$$\overline{X} \pm z(0.1)\frac{\sigma}{\sqrt{n}} = 71.5 \pm 1.645\frac{\sqrt{80}}{\sqrt{25}} = \begin{cases} 74.4 \\ 68.6 \end{cases}$$

母平均 $m$ の 90 ％信頼区間は $[68.6, 74.4]$（点）である.

【ex.6-5】　あるノートパソコンのバッテリー駆動時間を（同一条件下で）調べたところ，無作為に選んだ 50 台について標本平均 5.8（時間），不偏分散 0.16（時間$^2$）であった．駆動時間の真の平均の 95 ％信頼区間を求めよ．

---

解　　$n = 50$ より大標本と考える．$\sigma^2$ は未知なので $U^2 = 0.16$ で代用し $\overline{X} = 5.8$, $n = 50$, $z(0.05) = 1.96$ より

$$5.8 \pm 1.96 \frac{\sqrt{0.16}}{\sqrt{50}} = \begin{cases} 5.91 \\ 5.69 \end{cases}$$

駆動時間の真の平均の 95 ％信頼区間は $[5.69, 5.91]$（時間）である．

---

**問 6.4**　正規母集団 $N(m, 4)$ からサンプルサイズ $n = 12$ のランダムサンプルを抽出したとき，標本平均は $\overline{X} = 39.5$ だった．このとき，母平均 $m$ の 95 ％信頼区間を求めよ．

**問 6.5**　ある製品の寿命は正規分布にしたがうとし，母分散は 150（h$^2$）とする．20 個無作為に選んで調べたところ，標本平均 1280（h）であった．この製品寿命の母平均の 99 ％信頼区間を求めよ．

**問 6.6**　あるゴルフクラブの飛距離性能を知りたいとする．一定の条件下でスウィングマシン（実験用機械）に 25 回打たせたら，平均 255（ヤード）だった．このゴルフクラブの飛距離の母平均の 90 ％信頼区間を求めよ．ただし，飛距離は正規分布にしたがい，母分散は 50（ヤード$^2$）とする．

**問 6.7**　一定の条件下でパソコンの新 OS の起動時間を計測してみた．同じスペックのパソコンを 6 台用意し，インストール後に同じ作業を行った後シャットダウンし，OS の起動時間を調べると 平均 38.5（秒）だった．これをランダムサンプルからの平均とみなしたとき，この新 OS の起動時間の母平均の 95 ％信頼区間を求めよ．ただし，起動時間は正規分布にしたがい，母分散は 3.2（秒$^2$）とする．

**問 6.8**　母集団からサンプルサイズ $n = 480$ のランダムサンプルを抽出したところ，標本平均 $\overline{X} = 70.2$，不偏分散 $U^2 = 28.4$ だった．このとき，母平均 $m$ の 99 ％信頼区間を求めよ．

**問 6.9**　社会人の中から無作為に 90 人選び，昨日の労働時間を調べたら，平均 8.6 時間，標準偏差 1.2 時間だった．労働時間の母平均の 90 ％信頼区間を求めよ．

**問 6.10**　正規母集団 $N(m, 8)$ のランダムサンプルから母平均 $m$ を区間推定するとき，95 ％信頼区間の幅を 2 以下にするサンプルサイズ $n$ の条件を求めよ．

> **問 6.11**　ある食品の成分 A の含有量が正規分布 $N(m, 2^2)$ にしたがうとし，サイズ $n$ のランダムサンプルから母平均 $m$ を区間推定する．99％信頼区間の幅を 1 以下にするサンプルサイズ $n$ の条件を求めよ．

## 6.7　母平均の区間推定 2　（正規母集団で母分散 $\sigma^2$ が未知の場合）

正規母集団で母分散 $\sigma^2$ が未知の場合，$\sigma$ を含まない統計量：

$$T = \frac{\overline{X} - m}{S/\sqrt{n-1}} = \frac{\overline{X} - m}{U/\sqrt{n}} \quad \text{が } t(n-1) \text{ にしたがうことを利用する．}$$

$\alpha$ を正の数で 0 に近い値とし，$P(|T| \leq t_{n-1}(\alpha)) = 1 - \alpha$ となる値 $t_{n-1}(\alpha)$ を考える．具体的な値は $t$ 分布表（数表 5）から探す．このとき

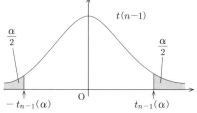

$$P\left(\left|\frac{\overline{X} - m}{S/\sqrt{n-1}}\right| \leq t_{n-1}(\alpha)\right) = 1 - \alpha \quad \text{が成り立ち，変形して}$$

$$P\left(\overline{X} - t_{n-1}(\alpha)\frac{S}{\sqrt{n-1}} \leq m \leq \overline{X} + t_{n-1}(\alpha)\frac{S}{\sqrt{n-1}}\right) = 1 - \alpha$$

となる．したがって，母平均 $m$ の $(1 - \alpha)$ 信頼区間は次のようになる：

[公式 6 - 2]

> （正規母集団で母分散 $\sigma^2$ が未知の場合）
> 「母平均 $m$ の $(1 - \alpha)$ 信頼区間」は
>
> $$\left[\overline{X} - t_{n-1}(\alpha)\frac{S}{\sqrt{n-1}}, \ \overline{X} + t_{n-1}(\alpha)\frac{S}{\sqrt{n-1}}\right]$$
>
> $$\left[\overline{X} - t_{n-1}(\alpha)\frac{U}{\sqrt{n}}, \ \overline{X} + t_{n-1}(\alpha)\frac{U}{\sqrt{n}}\right] \quad (U = \sqrt{U^2})$$

**【ex.6-6】** 正規母集団からサンプルサイズ $n = 16$ のランダムサンプルを抽出したとき，標本平均 $\overline{X} = 32.6$，標本分散 $S^2 = 8.7$ だった．このとき，母平均 $m$ の 95 ％信頼区間を求めよ．

> **解** 正規母集団で母分散は未知である．
>
> $\overline{X} = 32.6$，$S^2 = 8.7$，$t_{15}(0.05) = 2.131$ より
>
> $$\overline{X} \pm t_{n-1}(0.05)\frac{S}{\sqrt{n-1}} = 32.6 \pm 2.131\frac{\sqrt{8.7}}{\sqrt{15}} = 32.6 \pm 1.62 = \begin{cases} 34.22 \\ 30.98 \end{cases}$$
>
> 母平均 $m$ の 95 ％信頼区間は $[30.98, 34.22]$ である．

**【ex.6-7】** ある食品メーカーのワッフルを 6 つ（ランダムに）抽出し重さを調べたところ，
$$40.3,\, 41.4,\, 39.1,\, 39.4,\, 40.2,\, 41.0 \quad (\text{g})$$
であった．ワッフルの重さが正規分布にしたがうとして，重さの母平均の 99 ％信頼区間を求めよ．

> **解** ワッフルの重さは正規分布にしたがい，母分散は未知である．
>
> $$\overline{X} = \frac{1}{6}(40.3 + 41.4 + 39.1 + 39.4 + 40.2 + 41.0) = 40.23$$
>
> $$S^2 = \frac{1}{6}\left\{(40.3 - 40.23)^2 + \cdots + (41.0 - 40.23)^2\right\} = 0.6556$$
>
> $S = 0.81$，$t_5(0.01) = 4.032$ だから，
>
> $$\overline{X} \pm t_{n-1}(0.01)\frac{S}{\sqrt{n-1}} = 40.23 \pm 4.032\frac{0.81}{\sqrt{5}} = 40.23 \pm 1.46 = \begin{cases} 41.69 \\ 38.77 \end{cases}$$
>
> 重さの母平均の 99 ％信頼区間は $[38.8, 41.7]$ (g) である．

**問 6.12** 正規母集団からサンプルサイズ $n = 10$ のランダムサンプルを抽出したとき，標本平均 $\overline{X} = 70.2$，標本分散 $S^2 = 28.4$ だった．このとき，母平均 $m$ の 99 ％信頼区間を求めよ．

**問 6.13** ある学校である資格試験を受験した 12 人の点数を調べたところ，平均 81.2 点，不偏分散 30.8 点$^2$ だった．この 12 人をランダムサンプルとみなし，試験の点数は正規分布にしたがうと仮定する．このとき，全体の平均点の 95 ％信頼

区間を求めよ.

**問 6.14** 中学生の 100 m 走のタイムを調べたい. 無作為に選んだ 12 人についてタイム計測したところ, 標本平均は 15.2 秒, 不偏分散は 2.3 秒$^2$ であった. このデータから中学生の 100 m 走の平均タイムの 95 ％信頼区間を求めよ. ただし, タイムは正規分布にしたがうとする.

**問 6.15** ある弁当屋のライスを (ランダムに) 5 個買って重さを調べたところ,

$$223, 227, 220, 226, 219 \quad (\text{g})$$

であった. ライスの重さが正規分布にしたがうとし, ライスの重さの母平均の 95 ％信頼区間を求めよ. (問 6.1, 問 5.1 と関連)

**問 6.16** ある井戸水のマグネシウムの含有量 (濃度) を (ランダムに) 8 回調べてみたら

$$1.48, 1.52, 1.45, 1.51, 1.44, 1.55, 1.54, 1.41 \quad (\text{mg/L})$$

であった. マグネシウムの含有量が正規分布にしたがうとし, マグネシウム含有量の母平均の 99 ％信頼区間を求めよ (問 6.3, 問 5.3 と関連).

## 6.8 母分散の区間推定 (正規母集団の場合)

母分散 $\sigma^2$ の区間推定を考える. ただし, 正規母集団の場合に限って議論を進めていく. ランダムサンプル $\{X_1, ..., X_n\}$ を抽出したとき,

$$\frac{nS^2}{\sigma^2} \text{ が } \chi^2(n-1) \text{ にしたがう } \left( \boxed{\text{定理} \quad 5-9} \right)$$

ことを利用する. $\chi^2$ 分布表より

$$P\left( \chi^2 > \chi^2_{n-1}\left( \frac{\alpha}{2} \right) \right) = \frac{\alpha}{2}$$

$$P\left( \chi^2 > \chi^2_{n-1}\left( 1 - \frac{\alpha}{2} \right) \right) = 1 - \frac{\alpha}{2}$$

となる値をとると

$$P\left( \chi^2_{n-1}\left( 1 - \frac{\alpha}{2} \right) \leqq \frac{nS^2}{\sigma^2} \leqq \chi^2_{n-1}\left( \frac{\alpha}{2} \right) \right) = 1 - \alpha$$

$$P\left( \frac{nS^2}{\chi^2_{n-1}\left( \frac{\alpha}{2} \right)} \leqq \sigma^2 \leqq \frac{nS^2}{\chi^2_{n-1}\left( 1 - \frac{\alpha}{2} \right)} \right) = 1 - \alpha \quad \text{である.}$$

したがって，母分散 $\sigma^2$ の $(1-\alpha)$ 信頼区間は次のようになる：

[公式 6‐3]

> （正規母集団の場合）
> 「母分散 $\sigma^2$ の $(1-\alpha)$ 信頼区間」は $\left[\dfrac{nS^2}{\chi^2_{n-1}\left(\dfrac{\alpha}{2}\right)}\ ,\ \dfrac{nS^2}{\chi^2_{n-1}\left(1-\dfrac{\alpha}{2}\right)}\right]$

【ex.6-8】 ノズルから一定量の燃料を噴出させる機械を開発しているとする．今回新しく開発した機械についてランダムに 20 回テストを行ったところ，噴出量 (cc/sec) の標本分散は 25 $(cc/sec)^2$ であった．噴出量の真の分散の 90 ％信頼区間を求めよ．ただし，噴出量は正規分布にしたがうと仮定する．

> **解** 噴出量は正規分布にしたがう．
>
> $n=20,\ S^2=25,\ \chi^2_{19}(0.05)=30.1,\ \chi^2_{19}(0.95)=10.12$　より
>
> $\dfrac{nS^2}{\chi^2_{n-1}(0.05)}=\dfrac{20\cdot 25}{30.1}=16.6$　,　$\dfrac{nS^2}{\chi^2_{n-1}(0.95)}=\dfrac{20\cdot 25}{10.12}=49.4$
>
> 噴出量の真の分散の 90 ％信頼区間は $[16.6, 49.4]\ (cc/sec)^2$ である．

事項 6-7 【$\chi^2_k(\alpha)$ の近似値】　　数表に値がない場合，次の近似値を利用．ただし，PC ソフトあればそれを用いた方がよい．

- $k<100$ のとき　　1 次補間を利用する（p.31 参照）．
- $k>100$ のとき　　「Fisher（フィッシャー）近似」：文献 [4], [19]

$$\chi^2_k(\alpha)\fallingdotseq\frac{1}{2}\left(z(2\alpha)+\sqrt{2k-1}\right)^2$$
$$\chi^2_k(1-\alpha)\fallingdotseq\frac{1}{2}\left(-z(2\alpha)+\sqrt{2k-1}\right)^2$$

（$z(\alpha)$ は 6.6 , 数表 3）

問 6.17　正規母集団からサンプルサイズ $n=15$ のランダムサンプルを抽出したとき，標本分散は $S^2=52.8$ だった．このとき，母分散の 95 ％信頼区間を求めよ．

86

問 **6.18** ある機種の携帯電話をランダムに 10 個抽出し,待ち受け時間を同じ設定の下で調べたところ,平均 510.6 (h),分散 93.8 (h$^2$) であった.待ち受け時間が正規分布にしたがうとし,この結果より真の分散の 90 %信頼区間を求めよ.

問 **6.19** ある食品メーカーのワッフルを 6 個(ランダムに)抽出し重さを調べたところ

$$40.3, 41.4, 39.1, 39.4, 40.2, 41.0 \quad (g)$$

であった.ワッフルの重さが正規分布にしたがうとして,重さの母分散の 95 %信頼区間を求めよ(**ex.6-7** に関連).

問 **6.20** 全国規模で高校生の学力調査を行ったところ,ランダムに抽出された 150 人について,平均 55.6 点,分散 88.5 点$^2$ という結果になった.点数が正規分布にしたがうとし,この結果より母分散の 99 %信頼区間を求めよ.

## 6.9 母比率の区間推定 (大標本の場合)

ここでは母比率 $p$ の区間推定を考える.母比率の標本調査は身近で目にするもので,新聞・雑誌やニュースに現れる世論調査や視聴率調査などはその代表例である.ここでは大標本の場合のみを考える.

ランダムに $n$ 個(人の場合は $n$ 人)抽出し,ある特性 $A$ をもつかどうかを考える.特性 $A$ としては例えば,

具体例

「内閣を支持する」 (⟶ 内閣支持率)    「TV 番組を見た」 (⟶ 視聴率)

「不良品である」 (⟶ 不良品率)    「病気が治った」 (⟶ 治癒率)

「合格した」 (⟶ 合格率)

特性 $A$ のランダムサンプルでの比率を「標本比率」といい,$\hat{p}$ と表す.また,母集団での比率(全体での比率,真の比率)を「母比率」という.

「母比率」 $p$    特性 $A$ の母集団での比率,真の比率
「標本比率」$\hat{p}$    特性 $A$ のサンプルでの比率,標本調査による比率

いま，大標本より   $Z = \dfrac{\widehat{p} - p}{\sqrt{\dfrac{p(1-p)}{n}}}$   は近似的に $N(0,1)$ にしたがい，

$$P\left( \left| \dfrac{\widehat{p} - p}{\sqrt{\dfrac{p(1-p)}{n}}} \right| \leqq z(\alpha) \right) = 1 - \alpha \quad \text{である} \ (z(\alpha) \ \text{は} \ \boxed{6.6}).$$

$$\left| \dfrac{\widehat{p} - p}{\sqrt{\dfrac{p(1-p)}{n}}} \right| \leqq z(\alpha) \iff \widehat{p} - z(\alpha)\sqrt{\dfrac{p(1-p)}{n}} \leqq p \leqq \widehat{p} + z(\alpha)\sqrt{\dfrac{p(1-p)}{n}}$$

となるが $\widehat{p} \pm z(\alpha)\sqrt{\dfrac{p(1-p)}{n}}$ にはまだ $p$ が残っている．そこで残っている $p$ を $\widehat{p}$ で代用すると，近似的に

$$P\left( \widehat{p} - z(\alpha)\sqrt{\dfrac{\widehat{p}(1-\widehat{p})}{n}} \leqq p \leqq \widehat{p} + z(\alpha)\sqrt{\dfrac{\widehat{p}(1-\widehat{p})}{n}} \right) = 1 - \alpha$$

したがって，母比率 $p$ の $(1-\alpha)$ 信頼区間は次のようになる：

[公式 6 - 4]

> （大標本の場合）
>
> 「母比率 $p$ の $(1-\alpha)$ 信頼区間」は
>
> $$\left[ \ \widehat{p} - z(\alpha)\sqrt{\dfrac{\widehat{p}(1-\widehat{p})}{n}} \ , \ \ \widehat{p} + z(\alpha)\sqrt{\dfrac{\widehat{p}(1-\widehat{p})}{n}} \ \right]$$

【ex.6-9】   ある地域の TV 番組の視聴率調査は（ランダムに選ばれた）600 世帯で行われている．あるドラマのある回の視聴率は 18.9 ％であった．この結果より真の視聴率（母比率）の 95 ％信頼区間を求めよ．

> **解**    $n = 600$ より大標本である．$\widehat{p} = 0.189$, $z(0.05) = 1.96$ より
>
> $$\widehat{p} \pm z(0.05)\sqrt{\dfrac{\widehat{p}(1-\widehat{p})}{n}} = 0.189 \pm 1.96\sqrt{\dfrac{0.189(1-0.189)}{600}} = \begin{cases} 0.220 \\ 0.158 \end{cases}$$
>
> 真の視聴率の 95 ％信頼区間は $[15.8, 22.0]$ （％）である．

**問 6.21**　母集団からサンプルサイズ $n = 1500$ のランダムサンプルを抽出したところ，標本比率 $\widehat{p} = 0.361$ だった．母比率 $p$ の 95 ％信頼区間を求めよ．

**問 6.22**　ある政策についての賛否を調べるために，無作為に 300 人選んでアンケートをとると 165 人が賛成であった．真の賛成率の 95 ％信頼区間を求めよ．

**問 6.23**　ある県の B 小学校では，生徒数 186 人に対し，その冬インフルエンザにかかった人数は 45 人であった．この小学校の生徒をこの県の小学生全体のランダムサンプルとみなして，県全体でのインフルエンザ感染率の 90 ％信頼区間を求めよ．

**問 6.24**　街角であるアーティストを知っていますか？というアンケートをとってみた．無作為に 200 人にたずねたら 118 人が知っています，と答えた．このアーティストの知名度（母比率）の 95 ％信頼区間を求めよ．

**問 6.25**　ある政治家の発言が賛否両論あり，あるメディアが独自に調査した．無作為に 100 人選んで質問したところ 68 人が「納得できない」と回答した．納得できない人の母比率の 90 ％信頼区間を求めよ．

**問 6.26**　ある製品の不良品率を調べるためにランダムに 1000 個抽出したところ不良品は 50 個であった．この製品の不良品率の 99 ％信頼区間を求めよ．

---

**事項** 6-8 **【簡易公式】**

$\widehat{p}(1 - \widehat{p}) = -\left(\widehat{p} - \dfrac{1}{2}\right)^2 + \dfrac{1}{4} \leq \dfrac{1}{4}$　だから，信頼度を確保するように区間を大きめにとると，母比率の $(1 - \alpha)$ 信頼区間の簡易公式として

$$\left[\widehat{p} - \frac{z(\alpha)}{2\sqrt{n}}, \ \widehat{p} + \frac{z(\alpha)}{2\sqrt{n}}\right]$$

を得る．よく使われる 95 ％信頼区間を考えると $z(0.05) = 1.96$ だから，大ざっぱに言って $\pm \dfrac{1}{\sqrt{n}}$ の誤差（幅）を考えておけばよい．例えば，100 人にアンケートをとるときは ± 10 ％ぐらいの誤差を考慮しておく．

**問 6.27**　比率調査を行う場合に簡易公式を利用して次の問いに答えよ．
(1)　95 ％信頼区間の幅を 5 ％以下にするサンプルサイズ $n$ の条件を求めよ．
(2)　99 ％信頼区間の幅を 3 ％以下にするサンプルサイズ $n$ の条件を求めよ．

# Chapter 7　検定

　前章では量的な推定を行ったが，何かを判断したわけではない．この章では

　　　　仮説を立てて，それが認められるのか，否定されるのか

を標本調査の結果から統計的に判断する．これを「検定」という．

検定の具体例　　（本書で扱わない例も含む）

- TV 視聴率　——　ドラマの視聴率が 20 ％を超えたかどうか？
- 世論調査　——　政策についての是非　賛成は過半数かどうか？
  - 　　　　　——　内閣支持率は前回調査と比べて上がったか？異なるか？
- 全国規模の模擬試験　——　ある学校の成績は全国平均と差があるか？
- 製品の改良　——　新製品のパソコンは静音化されたか？
  - 　　　　　　　　バッテリー寿命は伸びたか？
- 薬の効果　——　薬の効果があるかどうか？
  - 　　　　　　2 つの薬を比べて効果に差があるか？
- 水泳選手のタイムは以前より安定したか？
- A 組と B 組で数学のテストの点のばらつき（分散）に差があるか？

## 7.1　検定の考え方

　ここでは，次の例題を使って説明する．

**【ex.7-1】**　ある電化製品の稼動時の音の大きさは平均 55 dB とされている．今回新製品を発売する予定だが，音の大きさが異なるかどうかを知りたい．

　ランダムサンプルとみなされる試作品 10 個を調べたところ，標本平均は 48 dB であった．この結果から新製品は音の大きさに関して従来製品と異なると言えるだろうか？ただし，音の大きさは正規分布にしたがい，母分散は $\sigma^2 = 10$ と仮定する．

\* 　新製品全体について判断したいときは代表値，ここでは平均を用いる．

新製品の音の大きさの母平均を $m$ (dB) とすると

$$H_0 : m = 55 \text{（従来と変わらない）} \qquad H_1 : m \neq 55 \text{（従来と異なる）}$$

のどちらを選ぶべきかを考える．$H_0 : m = 55$ という仮説を仮定すると

標本調査の結果は 非常にまれな場合 であるとき
言い換えれば，低い確率の現象 が起きているとき

標本調査でめったに起こらないことが起きているのはおかしい．不自然だ！
これは仮説 $H_0$ を仮定したせいだ と考えて仮説 $H_0$ を否定し，もう 1 つの仮
説 $H_1 : m \neq 55$ であると判断する．そうでない場合には仮説 $H_0$ を否定しな
いことにする（ここでは否定しないことに強い意味を込めない）．

仮説 $H_0$ を仮定
調査結果（データ）は不自然　　$\Longrightarrow$　　$H_0$ は間違いと判断

具体的には 検定に応じた統計量とその標本分布 を使う．**ex.7-1** の場合，
$Z = \dfrac{\overline{X} - m}{\sigma / \sqrt{n}}$ は $N(0,1)$ にしたがうが

仮説 $H_0$ を仮定すると $Z = \dfrac{\overline{X} - 55}{\sigma / \sqrt{n}}$ は $N(0,1)$ にしたがう．

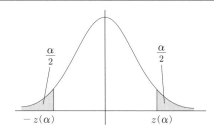

標本平均 $\overline{X}$ は 55 付近にある確率が高いので，$Z$ が 0 から離れた値をとるこ

とはめったにないことになる. したがって, 基準となる低い確率を $\alpha$ とし

$$P(|Z| > z(\alpha)) = \alpha$$

となる $z(\alpha)$ に対して,

    $|Z| > z(\alpha)$ ならば 低い確率の現象が起きていることになる.

以上のことから, 標本調査の結果から $Z$ の値（実現値）を求め,

---

    $|Z| > z(\alpha)$ ならば 仮説 $H_0$ を否定し,

    $|Z| \leqq z(\alpha)$ ならば 仮説 $H_0$ を否定しないことにする.

---

用語 【検定に使われる用語】（一部分）

---

- 仮説 $H_0$ と $H_1$ のうち, 仮定して否定されるかどうか判断される
  仮説 $H_0$ を「帰無仮説」といい,
  もう一方の仮説 $H_1$ を「対立仮説」という.

- 「棄却する」(reject) ・・・ 帰無仮説 $H_0$ を否定する
  「採択する」(accept) ・・・ 帰無仮説 $H_0$ を否定しない
                                  （結論保留）

- 「検定統計量」 ・・・ 棄却／採択の判断に利用される統計量
  $$\textbf{ex.7-1} \text{ では } Z = \frac{\overline{X} - 55}{\sigma/\sqrt{n}}$$

- 「有意水準」, 「危険率」 ・・・ 棄却する基準となる確率
                       本書では $\alpha$ と表す（意味は 7.3 参照）.

- 「棄却域」 ・・・ 棄却するときの検定統計量の範囲（集合）
  「棄却条件」 ・・・ 棄却するときの検定統計量の条件

  **ex.7-1**, $\{Z \mid |Z| > z(\alpha)\}$ が棄却域, $|Z| > z(\alpha)$ が棄却条件.

## 7.2 両側検定と片側検定

次の例題を **ex.7-1** と比較しながら考える.

**【ex.7-2】** ある電化製品は「音が大きい」という苦情があり静音化をめざして改良することになった（従来製品は平均 55 dB とされている）．新製品が改良されたかどうかを知りたい．

ランダムサンプルとみなされる試作品 10 個を調べたところ，標本平均は48 dB だった．この結果からこの新製品は改良されたと言えるだろうか？ただし，音の大きさは正規分布にしたがい，母分散は $\sigma^2 = 10$ と仮定する.

**ex.7-1** との違いは次の 2 点である.

- 静音化が目的（事前情報）より音が大きくなることを想定していない
- 関心の対象が「音が小さくなったか？」という片方の変化のみ

この場合，新製品の音の大きさの母平均 $m$ について

$H_0 : m = 55$（従来と変わらない）　　$H_1 : m < 55$（従来より音が小さくなった）

という仮説を設定する．検定統計量 $Z$ は **ex.7-1** と同じだが，棄却域は音が小さくなる方だけで考えて $\{Z \mid Z < -z(2\alpha)\}$ となる.

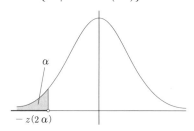

**ex.7-1** のように棄却域を両側に設定する検定を「両側検定」といい，
**ex.7-2** のように棄却域を片側のみに設定する検定を「片側検定」という.

\* 実際には対立仮説とセットで扱い，対立仮説に応じて使い分ける．仮説をたてるとき，両側／片側の意識を対立仮説に反映させておく.

　対象によっては完全に片側しか起きない場合のみに片側検定を用いるなど，解釈が多様なので注意を要する．これは片側検定が棄却のハードルを下げてしまうからである．本書では，片側検定を行うかどうかは 事前情報と関心の対象 により判断する．また，単に片側に関心がある場合でも片側検定を行う．これらを対立仮説に反映させればよい．大切なのは，調査前に仮説を定めておくことである．

<h2>7.3　検定の誤りについて</h2>

　帰無仮説 $H_0$ と対立仮説 $H_1$ について検定を行うとき，次の 2 種類の誤りがあり，(i) を「第 1 種の誤り」，(ii) を「第 2 種の誤り」という．

(i)　仮説 $H_0$ が正しいのに 仮説 $H_0$ を棄却する，という誤り

(ii)　仮説 $H_0$ が間違いなのに 仮説 $H_0$ を採択する，という誤り

　(i) の確率は有意水準 $\alpha$ にほかならない．(ii) の確率を $\beta$ とおくと，$1 - \beta$ は間違いを間違いと判断する確率であり，これを「検出力」と呼ぶ．
ここでは有意水準が小さい場合のみを考える（検出力については他文献を参照）．このとき，

　　$H_0$ を棄却するときは結論として対立仮説 $H_1$ を強く主張できるが，
　　$H_0$ を採択するときは仮説 $H_0$ を 否定しない という弱い主張であり，
　　強い肯定はできないことになる．検出力を考慮しない場合，実用的には
　　「結論保留」という判断になる．

＊　有意水準，検出力，サンプルサイズなどは調査前に設定する必要がある．

|  | $H_0$ を採択 | $H_0$ を棄却 |
|---|---|---|
| $H_0$ が正しいとき | ○ | ×（第 1 種） |
| $H_0$ が間違いのとき | ×（第 2 種） | ○ |

## 7.4 検定のステップ

前提として，判断したいことが事前にあるとし，有意水準 $\alpha$ も決めておく．実際には，事前に検出力の設定，サンプルサイズの設定（その他必要な設定）も行う．有意水準も検出力も調査後に設定すると，導きたい結論に合わせた不当な操作や誤解釈につながる．ただし，予備調査は別である．

(0) 対象となるパラメータを定める．（母平均，母分散，母比率など）

(1) 仮説をたてる．（帰無仮説 $H_0$ と 対立仮説 $H_1$）

事前情報，関心の対象，予備調査，過去のデータや経験，予想，予測，常識などを考慮し，両側検定／片側検定の選択をし，帰無仮説と対立仮説を立てる．

＊ 調査前に仮説を立てるので，調査結果の値は仮説に現れない．

(2) 標本調査を行う．

(3) 仮説 $H_0$ を棄却するか／採択するか，を判断する．

適切な検定統計量を設定し標本分布を調べる．標本調査の結果から検定統計量の値を計算し，棄却域に入るかどうかを調べる．

棄却域に入っていれば仮説 $H_0$ を棄却し，

棄却域に入っていなければ仮説 $H_0$ を採択する．

(4) 結論を述べる．

## 7.5　母平均の検定 1　（正規母集団で母分散 $\sigma^2$ が既知の場合 または大標本の場合）

まず，正規母集団（$N(m, \sigma^2)$）で母分散 $\sigma^2$ が既知の場合に母平均 $m$ の検定を考える．概略はすでに 7.1 , 7.2 の中で述べてある．

いま，有意水準を $\alpha$ とする．ここで扱う仮説は次の 3 種類である．

---

仮説

帰無仮説　$H_0 : m = m_0$　　　　対立仮説　①　$H_1 : m \neq m_0$

（$m_0$ は定数）　　　　　　　　　②　$H_1 : m > m_0$

　　　　　　　　　　　　　　　　　③　$H_1 : m < m_0$

---

① が両側検定，②, ③ が片側検定の場合である．まず ① から考える．

---

①　仮説　帰無仮説　$H_0 : m = m_0$　　　　対立仮説　$H_1 : m \neq m_0$

仮説 $H_0 : m = m_0$ の下で $\overline{X}$ は $N(m_0, \sigma^2/n)$ にしたがうから，

$Z = \dfrac{\overline{X} - m_0}{\sigma/\sqrt{n}}$ は $N(0, 1)$ にしたがう．

---

検定統計量

$$Z = \frac{\overline{X} - m_0}{\sigma/\sqrt{n}}$$

---

標本分布

$$N(0, 1)$$

---

次に標本調査の結果から $Z$ の値を計算し，仮説 $H_0$ を棄却するかどうかを考える．まず推定 6.6 と同様に，$P(|Z| > z(\alpha)) = \alpha$ となる $z(\alpha)$ の値を調べておく（数表 3）．よく使うものは次のとおり（推定の場合より多い）．

---

$z(\alpha)$ の値

$z(0.01) = 2.58 \ (2.576)$　　　　$z(0.02) = 2.33 \ (2.326)$

$z(0.05) = 1.96$

$z(0.1) = 1.65 \ (1.645)$　　　　$z(0.2) = 1.28 \ (1.282)$

---

この $z(\alpha)$ に対して $|Z| > z(\alpha)$ ならば 統計量 $Z$ が中心（原点）から離れた値をとり，$\alpha$ より低い確率の現象が起きていることになるから，仮説 $H_0$ を棄却し，$|Z| \leqq z(\alpha)$ ならば 仮説 $H_0$ を採択する．

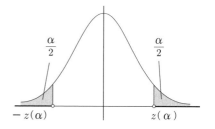

棄却条件

$|Z| > z(\alpha)$　ならば
　　仮説 $H_0$ を棄却し，
$|Z| \leqq z(\alpha)$　ならば
　　仮説 $H_0$ を採択する．

最後に 棄却／採択の判断結果に応じた結論を述べておくことで検定の作業が完了する．

* 以降の問いでは，検定により判断したいことと調査結果が与えられるが，検定のステップを意識して解いてほしい．また，解答の書き方は様々であるが，一例として説明用の見出しを付した解答を挙げておく（次の例題の解に限り見出しを記すが，以降は番号のみとする）．もちろん，単に説明用であるから番号／見出しは省いてよい．

【解の見出し】
1. パラメータの設定　　2. 仮説　　　3. 検定統計量と標本分布
4. 検定統計量の実現値の計算　　5. 棄却条件と判定　　6. 結論

**【ex.7-1】**（再出，有意水準を追加）

　ある電化製品の稼動時の音の大きさは平均 55 dB とされている．今回新製品を発売する予定だが，音の大きさが異なるかどうかを知りたい．

　ランダムサンプルとみなされる試作品 10 個を調べたところ標本平均は 48 dB であった．この結果から新製品は音の大きさに関して従来製品と異なると言えるだろうか？有意水準 5 ％で検定せよ．ただし，音の大きさは正規分布にしたがい，母分散は $\sigma^2 = 10$ と仮定する．

---

**解**

1 　新製品の稼動時の音の大きさの母平均を $m$ とする．

2 　帰無仮説　$H_0 : m = 55$　　　対立仮説　$H_1 : m \neq 55$

3 　検定統計量 $Z = \dfrac{\overline{X} - 55}{\sigma/\sqrt{n}}$，標本分布 $N(0,1)$

4 　$n = 10,\ \overline{X} = 48,\ \sigma^2 = 10$ より　　$Z = \dfrac{48 - 55}{\sqrt{10}/\sqrt{10}} = -7$

5 　$|Z| = 7 > 1.96 = z(0.05)$　　より仮説 $H_0$ を棄却する．

6 　有意水準 5 ％で新製品の音の大きさは従来製品と異なると言える．

---

②,③ の場合，検定統計量，標本分布は ① と同じで，棄却域が変わる．

② 　仮説　帰無仮説　$H_0 : m = m_0$　　　　対立仮説　$H_1 : m > m_0$

　　　棄却条件
　　　$Z > z(2\alpha)$　　ならば　仮説 $H_0$ を棄却し，
　　　$Z \leqq z(2\alpha)$　　ならば　仮説 $H_0$ を採択する．

③ 　仮説　帰無仮説　$H_0 : m = m_0$　　　　対立仮説　$H_1 : m < m_0$

　　　棄却条件
　　　$Z < -z(2\alpha)$　　ならば　仮説 $H_0$ を棄却し，
　　　$Z \geqq -z(2\alpha)$　　ならば　仮説 $H_0$ を採択する．

棄却域

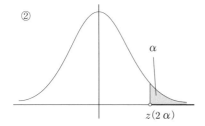

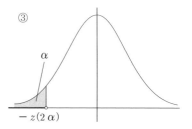

**【ex.7-2】**（再出）　ある電化製品は「音が大きい」という苦情があり静音化をめざして改良することになった（従来製品は 平均 55 dB とされている）. 新製品が改良されたかどうかを調べたい.

　ランダムサンプルとみなされる試作品 10 個を調べたところ, 標本平均は 48 dB だった. この新製品は改良されたと言えるか？有意水準 5 ％で検定せよ. ただし, 音の大きさは正規分布にしたがい, 母分散は $\sigma^2 = 10$ とする.

---

**解**

$\boxed{1}$　新製品の稼動時の音の大きさの母平均を $m$ とする.

$\boxed{2}$　帰無仮説　$H_0 : m = 55$　　　　対立仮説　$H_1 : m < 55$

$\boxed{3}$　検定統計量　$Z = \dfrac{\overline{X} - 55}{\sigma / \sqrt{n}}$　,　標本分布 $N(0,1)$

$\boxed{4}$　$n = 10,\ \overline{X} = 48,\ \sigma^2 = 10$ より　$Z = \dfrac{48 - 55}{\sqrt{10}/\sqrt{10}} = -7$

$\boxed{5}$　$Z = -7 < -1.645 = -z(2 \times 0.05)$　　　より仮説 $H_0$ を棄却する.

$\boxed{6}$　有意水準 5 ％で新製品は改良されたと言える.

---

**\***　帰無仮説は $H_0 : m \geqq 55$ でもよい.

---

**問 7.1**　次の仮説について有意水準 5 ％で母平均の検定をせよ.
(1)　仮説 $H_0 : m = 15.6$　　　対立仮説 $H_1 : m \neq 15.6$
(2)　仮説 $H_0 : m = 15.6$　　　対立仮説 $H_1 : m > 15.6$
ここで, 正規母集団 $N(m, 9)$ からサイズ $n = 16$ のランダムサンプルを抽出し, 標本平均は $\overline{X} = 16.9$ とする.

**問 7.2** 球技のボールを作っている会社に 450.0 g のボールを作ってほしいという依頼があり，さっそく作ってみた．製造責任者は注文どおりでないのではないか心配している．ランダムサンプルとみなされる試作品 20 個について調べたところ，標本平均は 451.2 g であった．このボールは注文どおりでないと言えるか？有意水準 5 ％で検定せよ．ただし，母分散は $\sigma^2 = 5$ とし，ボールの重量は正規分布にしたがうと仮定する．

**問 7.3** ある工場で製造されている製品の長さは過去のデータにより平均 7.0 mm，分散 0.16 mm$^2$ の正規分布にしたがうとされている．ある日，停電のためいったん製造をストップし機械を再稼動して生産したので，工場長は製品の出来が気になり異常の有無を知りたい．ランダムに 15 個選んで調べたところ，平均 7.1 mm であった．この日の製品は通常と違うと言えるだろうか？有意水準 1 ％で検定せよ．この日の製品の長さも正規分布にしたがうとし，母分散も変わっていないとする．

**問 7.4** ある建材（板）は耐荷重量 50 kg と表示されていて，表示が正当かどうか知りたいとする．この建材を 5 枚無作為に選び調べてみると平均 49.0 kg だった．この建材の耐荷重量は表示と異なると言えるか？有意水準 5 ％で検定せよ．母標準偏差は $\sigma = 0.9$ kg とする．

**問 7.5** ある 100 m 自由形の競泳選手のタイムは，平均 58.6 秒，標準偏差 0.7 秒の正規分布にしたがうとする．数ヶ月かけてフォームを改造し，タイムが短縮されたかどうか知りたい．10 回泳いでみたら，平均 58.0 秒であった．これをランダムサンプルと考えるとき，フォーム改造により以前よりタイムが短縮されたと言えるだろうか？有意水準 5 ％で検定せよ．フォーム改造後もタイムは正規分布にしたがい，分散／標準偏差は変わらないと仮定する．

**問 7.6** ある農業試験場で実験用に利用している果物があり，成熟時の重量が平均 200 g，分散 $16^2$ g$^2$ の正規分布にしたがうことが分かっているとする．この果物を対象にして肥料 A が重量増に有効かどうかを知りたい．肥料 A を与えて試験的に 50 個作ってみたところ，標本平均は 204 g であった．これをランダムサンプルと考えたとき，肥料 A を与えた場合に重い実ができると言えるか？有意水準 1 ％で検定せよ．肥料 A を与えた場合も実の重量は正規分布にしたがい，母分散は従来と同じと仮定する．

**問 7.7** あるジュニア陸上競技大会の走り幅跳びの参加標準記録は 5 m 20 cm（520 cm）だとする．中学生で陸上部の A 君が実力的に参加標準記録を上回っているかどうか知りたい．練習時に 15 回の跳躍で平均 5 m 30 cm（530 cm）だった．これをランダムサンプルとしたとき（実際の判定は別にして）実力的に A 君は参加標準記録を上回っていると言えるか？有意水準 10 ％で検定せよ．A 君の走り幅跳びの記録は正規分布にしたがうとし，母分散はそれまでの練習時のデータから 400 cm$^2$ と仮定する．

**【大標本の場合】**　　（章末まとめ参照）

　大標本の場合，中心極限定理より検定方法は同様である．ただし，$\sigma^2$ が未知ならば，推定値として不偏分散 $U^2$ または標本分散 $S^2$ の値で代用する．

**【ex.7-3】**　　魚介類のメチル水銀濃度の規制値は 0.3 (ppm) 以下であるとし，環境汚染により，魚介類のメチル水銀濃度の上昇が懸念されているとする．魚 A を対象にしてメチル水銀濃度が規制値を上回っているかどうかを知りたい．

　ランダムに選んだ 95 匹についてのメチル水銀濃度の平均は 0.50 (ppm)，不偏分散は 0.03 (ppm²) だった．魚 A のメチル水銀濃度は規制値を上回っていると言えるか？有意水準 1 ％で検定せよ．

---

**解**

1　魚 A のメチル水銀濃度の母平均を $m$ とする．

2　帰無仮説　$H_0 : m = 0.3$　　　対立仮説　$H_1 : m > 0.3$

3　$n = 95$ より大標本とみなす．

　検定統計量　$Z = \dfrac{\overline{X} - 0.3}{\sigma/\sqrt{n}}$　，　標本分布 $N(0,1)$

4　母分散は未知なので $U^2 = 0.03$ で代用する．

　$n = 95, \overline{X} = 0.50$　より　$Z = \dfrac{0.50 - 0.3}{\sqrt{0.03}/\sqrt{95}} = 11.25$

5　$Z = 11.25 > 2.33 = z(2 \times 0.01)$　　　より仮説 $H_0$ を棄却する．

6　有意水準 1 ％で規制値を上回っていると言える．

---

**問 7.8**　次の仮説について有意水準 1 ％で母平均の検定をせよ．
(1)　仮説 $H_0 : m = 15.6$　　対立仮説 $H_1 : m \neq 15.6$
(2)　仮説 $H_0 : m = 15.6$　　対立仮説 $H_1 : m < 15.6$
ここで，母集団からサイズ $n = 252$ のランダムサンプルを抽出し，標本平均 $\overline{X} = 14.9$，不偏分散 $U^2 = 10.8$ とする．

**問 7.9**　ある製品の長さはカタログでは 120 cm であった．実際にそのとおりかどうか知りたいので，110 個無作為に選んで調べたところ，標本平均 120.3 cm であった．製品の長さの母分散は 0.25 cm² とする．この製品の長さはカタログ記載の長さと異なると言えるか？有意水準 1 ％で検定せよ．

**問 7.10**　1 人 1 ヶ月の米の消費量は平均 5000 (g) とする．ある地域の消費量が平均と異なるかどうか知りたいとする．この地域で無作為に選んだ 200 人について 1 ヶ月調査したところ，平均 5030 (g)，標準偏差 460 (g) であった．この地域の消費量は全体と異なると言えるか？有意水準 5 ％で検定せよ．

**問 7.11**　高血圧予防のためには 1 日の食塩摂取量は 10 (g) 以下が望ましいとする．ところが実際には塩分摂取過多が懸念され，10 (g) より多く摂取しているかどうかを知りたいとする．無作為に成人男性 55 人選び食塩摂取量を調べてみたら，平均 12.3 (g)，分散 4.1 (g$^2$) だった．成人男性の食塩摂取量は平均して 10 (g) を超えていると言えるか？有意水準 5 ％で検定せよ．

## 7.6　母平均の検定 2　（正規母集団で母分散 $\sigma^2$ が未知の場合）

正規母集団 ($N(m,\sigma^2)$) で母分散 $\sigma^2$ が未知の場合に母平均の検定を考える．有意水準を $\alpha$ とする．

**仮説**

帰無仮説　$H_0 : m = m_0$　　　　対立仮説　① $H_1 : m \neq m_0$
　　　　　　　　　　　　　　　　　　　　　② $H_1 : m > m_0$
　　　　　　　　　　　　　　　　　　　　　③ $H_1 : m < m_0$

サンプルサイズ $n$，標本平均 $\overline{X}$，標本分散 $S^2$，不偏分散 $U^2$ について，
$T = \dfrac{\overline{X}-m}{S/\sqrt{n-1}} = \dfrac{\overline{X}-m}{U/\sqrt{n}}$ は $t$ 分布 $t(n-1)$ にしたがう．したがって，

**検定統計量**
$$T = \frac{\overline{X}-m_0}{S/\sqrt{n-1}} = \frac{\overline{X}-m_0}{U/\sqrt{n}}$$

**標本分布**
$$t(n-1)$$

**棄却条件**

① の場合　$|T| > t_{n-1}(\alpha)$　　ならば　$H_0$ を棄却，
② の場合　$T > t_{n-1}(2\alpha)$　　ならば　$H_0$ を棄却，
③ の場合　$T < -t_{n-1}(2\alpha)$　ならば　$H_0$ を棄却する．

ここで，$t_{n-1}(\alpha)$，$t_{n-1}(2\alpha)$ は $t$ 分布表（数表 5）の値である．また，$H_0$ を棄却しないときは $H_0$ を採択する．

【棄却域】

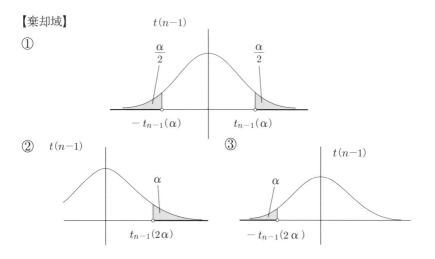

【ex.7-4】　新生児の平均体重を 3000 g とし，ある地域の新生児の体重の異常の有無を知りたいとする．この地域で生まれた新生児 20 人をランダムサンプルとみなし，体重を調べると平均 3025 g，標準偏差 120 g だった．この地域の新生児の体重の母平均は 3000 g と異なると言えるか？有意水準 5 ％で検定せよ．新生児の体重は正規分布にしたがうとする．

---

**解**

1. この地域の新生児の体重の母平均を $m$ とする．

2. 帰無仮説　$H_0 : m = 3000$　　　　対立仮説　$H_1 : m \neq 3000$

3. 検定統計量　$T = \dfrac{\overline{X} - 3000}{S/\sqrt{n-1}}$　，　標本分布 $t(n-1)$

4. $n = 20, \overline{X} = 3025,\ S = 120$ より　$T = \dfrac{3025 - 3000}{120/\sqrt{19}} = 0.908$

5. $|T| = 0.908 \leqq 2.093 = t_{19}(0.05)$　　より仮説 $H_0$ を採択する．

6. 有意水準 5 ％でこの地域の新生児の体重は 3000g と異なるとは言えない．

**【ex.7-5】**    ある 100 m 自由形の競泳選手のタイムは，平均 58.8 秒の正規分布にしたがうとする．著名なコーチの下で合宿トレーニングを行ったので，タイムが短縮されたかどうか知りたい．10 回泳いだタイムは次のとおり.

$$57.6, 58.2, 56.2, 57.3, 58.7, 58.8, 56.3, 57.1, 57.3, 57.1 \quad (秒)$$

これをランダムサンプルと考えるとき，この選手は速くなったと言えるか？有意水準 10 %で検定せよ．合宿後もタイムは正規分布にしたがうとする.

**解**

1  この選手の合宿トレーニング後のタイムの母平均を $m$ とし，

2  帰無仮説   $H_0 : m = 58.8$        対立仮説   $H_1 : m < 58.8$

3  検定統計量   $T = \dfrac{\overline{X} - 58.8}{S/\sqrt{n-1}}$ ,    標本分布   $t(n-1)$

4  $\overline{X} = \dfrac{1}{10}(57.6 + 58.2 + \cdots + 57.1) = 57.46$

$S^2 = \dfrac{1}{10}\left\{(57.6 - 57.46)^2 + \cdots + (57.1 - 57.46)^2\right\} = 0.714$

$S = \sqrt{S^2} = 0.845$   だから   $T = \dfrac{57.46 - 58.8}{0.845/\sqrt{9}} = -4.76$

5  $T = -4.76 < -1.383 = -t_9(2 \times 0.1)$        より仮説 $H_0$ を棄却する.

6  有意水準 10 %でこの選手は速くなったと言える.

\*  不偏分散を利用する場合，$T = \dfrac{\overline{X} - 58.8}{U/\sqrt{n}}$, $U^2 = 0.794$, $U = 0.891$,

$T = \dfrac{57.46 - 58.8}{0.891/\sqrt{10}} = -4.76$   となる．(ほかは同様)

**問 7.12**  次の仮説について有意水準 5 %で母平均の検定をせよ.
(1)  仮説 $H_0 : m = 78.5$    対立仮説 $H_1 : m \neq 78.5$
(2)  仮説 $H_0 : m = 78.5$    対立仮説 $H_1 : m > 78.5$
ここで，正規母集団からサイズ $n = 10$ のランダムサンプルを抽出し，標本平均 $\overline{X} = 82.4$, 標本分散 $S^2 = 12.8$ とする.

**問 7.13**  20 年前に使用されたテストを利用して学力調査を行った．20 年前に大規模に行われたときは平均 56.3 点 であった．今回，昔と比べて学力に変化があったかどうかを知りたくて調べてみた．ランダムサンプルとして 21 人選びこのテストを行ったところ，平均 51.0 点，分散 118.5 点$^2$ であった．昔と比べると全体的な学力は変化したと言えるか？有意水準 10 %で検定せよ．テストの点数は正

規分布にしたがうとする.

* 20 年前の調査は今回に比べて大規模であるので当時の平均 56.3 点は固定された値と
  みなす. サンプルサイズに大きな差がなければ「母平均の差の検定」を利用する.

**問 7.14** あるメーカーの部品 B の重量は 270 g と表示され, 問題なく製造され
てきた. 今回新しく工場を増設し, 同じ部品 B を新工場でも製造を開始した. 新
工場での製品重量に問題があるかどうか知りたい. ランダムサンプルを抽出して調
べたところ,

$$271.0, \ 273.1, \ 275.2, \ 269.4, \ 269.8, \ 272.2, \ 272.5 \ (g)$$

であった. 新工場での部品 B の重量は従来どおり (表示どおり) か?有意水準 5 %
で検定せよ. ただし, 新工場でも部品 B の重量は正規分布にしたがうとする.

**問 7.15** ある果物の 100 g あたりの水分量は平均 85 g とする. A という品種
を扱っている農家が A の水分量が平均と異なるかどうか知りたいとする.
　無作為に選んだ 25 個を調べたところ (100 g あたり) 平均 81.2 g, 標準偏差
4.6 g だった. この果物の水分量が正規分布にしたがうと仮定し, A の水分量が全
体と異なるかどうかを検定せよ. 有意水準は 5 %とする.

**問 7.16** ある線路沿いの地区では列車通過時に平均して 80 dB の騒音が起こる
とされている (測定は音の大きさが最大の時とする). 騒音対策のため, 簡易減音
設備を取りつけることになり, 騒音が軽減されたかどうかを知りたいとする.
　無作為に 8 回調査してみると, 列車通過時の騒音の大きさの平均は 62 dB, 不
偏分散は 72 dB$^2$ だった. この対策により騒音は軽減されたと言えるか?有意水準
10 %で検定せよ. 騒音の大きさは正規分布にしたがうと仮定する.

**問 7.17** (1)　ある弁当屋のライスは 250 (g) と表示されている. 最近どうも少
ないな, と感じた A 君は自分で調べてみた. 10 個買って重さを調べたところ

$$248, 252, 245, 251, 244, 255, 254, 241, 243, 247 \ (g)$$

だった. ライスの重量は表示より少ないと言えるか?有意水準 1 %で検定せよ.
ライスの重さは正規分布にしたがうとする.
(2)　しばらくして引っ越した A 君が近所の弁当屋でライスを 6 個買って重さを
調べてみたら, 平均 256 (g), 分散 15 (g$^2$) だった. 新しい店のライスは以前の
店のライス (250 g) より多いと言えるか?有意水準 5 %で検定せよ. ライスの重
さは正規分布にしたがうとする.

**問 7.18** ある 10000 m 走選手の練習時のタイムは, 平均 32 分 30 秒 (1950 秒),
標準偏差 30 秒の正規分布にしたがうとする. この選手がタイム短縮のため高地ト
レーニングを導入することになり, そのトレーニング後に再び練習時のタイムをラ
ンダムに 10 回計測したら, 平均 31 分 55 秒 (1915 秒), 標準偏差は 20 秒であっ
た. トレーニング後もタイムは正規分布にしたがうと仮定する. 高地トレーニング
でタイムが短縮されたと言えるか?有意水準 5 %で検定せよ.

## 7.7　母比率の検定　（大標本の場合）

母比率 $p$ の検定について考える．ここでは大標本の場合のみを扱うことにする．まず，有意水準は $\alpha$ とし，仮説は次の 3 種類を考える．

**仮説**

帰無仮説　$H_0 : p = p_0$　　　　対立仮説　① $H_1 : p \neq p_0$

（$p_0$ は定数）　　　　　　　　　　② $H_1 : p > p_0$

　　　　　　　　　　　　　　　　　③ $H_1 : p < p_0$

サンプルサイズ $n$ のランダムサンプルから標本比率 $\widehat{p}$ を得たとき，$n \gg 1$ ならば $\widehat{p}$ は近似的に正規分布 $N\left(p, \dfrac{p(1-p)}{n}\right)$ にしたがい，

$$Z = \frac{\widehat{p} - p}{\sqrt{\dfrac{p(1-p)}{n}}}$$ は近似的に標準正規分布 $N(0,1)$ にしたがう．

したがって，以下のようになる．

**検定統計量**

$$Z = \frac{\widehat{p} - p_0}{\sqrt{\dfrac{p_0(1-p_0)}{n}}}$$

**標本分布**

$$N(0,1)$$

**棄却条件**

①　の場合　$|Z| > z(\alpha)$　　ならば　$H_0$ を棄却する．
②　の場合　$Z > z(2\alpha)$　　ならば　$H_0$ を棄却する．
③　の場合　$Z < -z(2\alpha)$　ならば　$H_0$ を棄却する．

\* 　$z(\alpha)$ は 6.6 と同一の記号で，$P(|Z| > z(\alpha)) = \alpha$ となる値 $z(\alpha)$ である．また，棄却しないときは採択する．

【ex.7-6】 あるコインの表が出る確率がちゃんと $1/2$ となっているか調べて みた．無作為に 100 回コイントスをして 60 回表が出た．このコインの表が 出る確率は $1/2$ だとしてよいか？有意水準 1 ％で母比率の検定をせよ．

---

**解**

1. このコインの表が出る母比率（真の比率）を $p$ とする．
2. 帰無仮説 $H_0 : p = 1/2$ 対立仮説 $H_1 : p \neq 1/2$
3. $n = 100$ より大標本とみなす．

   検定統計量 $Z = \dfrac{\widehat{p} - 0.5}{\sqrt{\dfrac{0.5(1 - 0.5)}{n}}}$ ， 標本分布 $N(0,1)$

4. 標本比率 $\widehat{p} = 0.6$ より $Z = \dfrac{0.6 - 0.5}{\sqrt{\dfrac{0.5(1 - 0.5)}{100}}} = 2$

5. $|Z| = 2 < 2.58 = z(0.01)$ となり仮説 $H_0$ を採択する．
6. 有意水準 1 ％でコインの表が出る母比率が $1/2$ でないとは言えない．

---

【ex.7-7】 内閣がある政策を検討していると報道され，緊急調査を行ったと ころ政策支持率が 50 ％をやや上回っているという結果が出たとする．この政 策を過半数が支持しているかどうか調べるために，もっと大規模な調査を行っ た．無作為に選んだ 2150 人のうち 1181 人が賛成であった．政策支持者は過 半数と言えるか？有意水準 1 ％で母比率の検定をせよ．

---

**解**

1. この政策支持の母比率（真の比率）を $p$ とする．
2. 帰無仮説 $H_0 : p = 0.5$ 対立仮説 $H_1 : p > 0.5$
3. $n = 2150$ より大標本である．

   検定統計量 $Z = \dfrac{\widehat{p} - 0.5}{\sqrt{\dfrac{0.5(1 - 0.5)}{n}}}$ ， 標本分布 $N(0,1)$

4. $\widehat{p} = \dfrac{1181}{2150} = 0.5493$ より $Z = \dfrac{0.5493 - 0.5}{\sqrt{\dfrac{0.5(1 - 0.5)}{2150}}} = 4.57$

5. $Z = 4.54 > 2.33 = z(2 \times 0.01)$ より仮説 $H_0$ を棄却する．
6. 有意水準 1 ％で政策支持者は過半数であると言える．

**問 7.19**　次の仮説について有意水準 5 ％で母比率の検定をせよ.
(1)　仮説 $H_0 : p = 0.4$　　対立仮説 $H_1 : p \neq 0.4$
(2)　仮説 $H_0 : p = 0.4$　　対立仮説 $H_1 : p < 0.4$
ここで, 母集団からサンプルサイズ $n = 450$ のランダムサンプルを抽出し, 標本比率は $\hat{p} = 0.36$ とする.

**問 7.20**　ある菌の除去のために使われる抗生物質は 80 ％有効とされている. ジェネリック医薬品の抗生物質 B の有効性が同じか異なるか知りたいとする. 抗生物質 B を使ってその菌の除去を試験的に 160 人に投与したところ, 効果があったのは 104 人であった. 抗生物質 B の有効性は従来と異なるだろうか？有意水準 10 ％で検定せよ.

**問 7.21**　ある TV プロデューサーがあるドラマについて, それまでの経験や前回までの（標本）視聴率から次回のドラマの視聴率を 15 ％と予想した. 視聴率調査は全数調査ではないので結果がどうであれ本当のところは分からないが, 予想が当たったのかはずれたのか判断したい. 放送後の調査では 14.1 ％で, 調査世帯数は 600 だった. このプロデューサーの予想ははずれたと言えるだろうか？有意水準 1 ％で検定せよ.

**問 7.22**　ある製品の従来の不良品率は 8 ％だった. 今回, 不良品率を下げることを目的に製造工程を変更したが, 本当に改良されたかどうかを調べたい. サンプルとして 200 個無作為に抽出して調べたところ, 不良品は 8 個であった. 不良品率は下がったと言えるか？有意水準 5 ％で母比率の検定をせよ.

**問 7.23**　ある棋士 A, B の直接対決での力量が同等かどうか知りたい. 直接対決での力量が同等ならば勝率は 50 ％であるべきだが, 棋士 A, B の対戦結果は, A から見て 84 勝 76 敗である. この結果をランダムサンプルと考えたとき, 直接対決の力量に差があると言えるだろうか？有意水準 1 ％で検定せよ.

**問 7.24**　ある病気の手術後の 5 年生存率は 70 ％と言われてきた. 医療技術の向上により生存率の上昇が期待される. 調べてみると同じ状況で手術した 125 人のうち 5 年後健在の人は 102 人だった. この病気の手術後 5 年生存率は上昇したと言えるか？有意水準 5 ％で検定せよ.

**問 7.25**　ある TV 番組は平均 13.5 ％の視聴率だとする. 番組編成により放送曜日が変わったので, 影響があったかどうか知りたい.
　視聴率調査で 10.2 ％, 調査世帯数は 600 だった. 放送曜日の変更で視聴率が変わったと言えるだろうか？有意水準 5 ％で検定せよ.

**問 7.26**　あるスマホはレスポンスが悪いと不評で, レスポンス性能を上げ, ユーザーの 8 割超がレスポンスに満足するという目標を立て, 後継となる新機種を開発した. ランダムサンプルとして新機種購入者 200 人を選んで聞いたところ, 「レスポンスに満足」と答えたのは 86 ％だった. レスポンス性能について目標を達成したと言えるか？有意水準 5 ％で母比率の検定をせよ.

## 7.8 母分散の検定 （正規母集団の場合）

正規母集団の場合に母分散 $\sigma^2$ の検定を考える（有意水準 $\alpha$）.

> 仮説
>
> 帰無仮説　$H_0 : \sigma^2 = \sigma_0^2$　　　　対立仮説　① $H_1 : \sigma^2 \neq \sigma_0^2$
>
> 　　　　　（$\sigma_0^2$ は定数）　　　　　　　　　② $H_1 : \sigma^2 > \sigma_0^2$
>
> 　　　　　　　　　　　　　　　　　　　　　　　　③ $H_1 : \sigma^2 < \sigma_0^2$

サンプルサイズ $n$, 標本分散 $S^2$ について $\chi^2 = nS^2/\sigma^2$ は自由度 $n-1$ の $\chi^2$ 分布 $\chi^2(n-1)$ にしたがう. したがって,

> 検定統計量
> $$\chi^2 = \frac{nS^2}{\sigma_0^2}$$

> 検定統計量
> $$\chi^2(n-1)$$

$\chi^2$ 分布の密度関数のグラフの非対称性から棄却条件は次のようになる. $\chi_k^2(\alpha)$ は $\chi^2$ 分布表（数表 4）の記号.

① の場合

> 棄却条件
>
> $\chi^2 < \chi_{n-1}^2\left(1 - \dfrac{\alpha}{2}\right)$ または
>
> $\chi^2 > \chi_{n-1}^2\left(\dfrac{\alpha}{2}\right)$ のとき
>
> 　　　仮説 $H_0$ を棄却する.

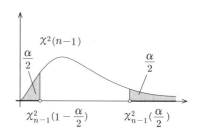

② の場合

> 棄却条件
>
> $\chi^2 > \chi_{n-1}^2(\alpha)$ のとき
>
> 　　　仮説 $H_0$ を棄却する.

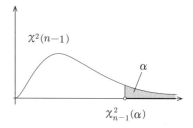

③　の場合

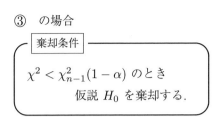

棄却条件

$\chi^2 < \chi^2_{n-1}(1-\alpha)$ のとき
　　　仮説 $H_0$ を棄却する.

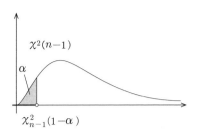

$\chi^2(n-1)$

$\alpha$

$\chi^2_{n-1}(1-\alpha)$

\*　$\chi^2$ 分布表に値がないとき PC ソフトや近似値を利用.（事項 6-7）

【ex.7-8】　20 年前に大規模に行われた学力テストの平均は 56.3 点, 分散は
91.2 点$^2$ であった. 今回, 学力格差の変化の有無を知りたくて調べてみた.

ランダムサンプルとして 85 人選び, このテストを行ったところ, 平均 52.1
点, 分散 121.5 点$^2$ であった. 昔と比べると学力格差（分散）は変化したと
言えるか？有意水準 5 ％で検定せよ. テストの点数は正規分布にしたがうと
する.

\*　20 年前のテストは今回に比べて大規模であるので, 当時の平均 56.3 点,
　　分散 91.2 点$^2$ は固定された値とみなす. もしサンプルサイズに大きな差
　　がなければ「母分散比の検定」を利用する.

---

**解**

1　今回の学力テストの母分散を $\sigma^2$ とする.

2　帰無仮説　$H_0 : \sigma^2 = 91.2$　　　対立仮説　$H_1 : \sigma^2 \neq 91.2$

3　検定統計量　$\chi^2 = \dfrac{nS^2}{91.2}$ ,　標本分布　$\chi^2(n-1)$

4　$n = 85$, $S^2 = 121.5$ より　$\chi^2 = \dfrac{85 \times 121.5}{91.2} = 113.2$

5　1 次補間より　$\chi^2_{84}(0.975) = \dfrac{1}{10}(6 \times 57.2 + 4 \times 65.6) = 60.56$

　　　　　　$\chi^2_{84}(0.025) = \dfrac{1}{10}(6 \times 106.6 + 4 \times 118.1) = 111.2$

　　$\chi^2 = 113.2 > 111.2 = \chi^2_{84}(0.025)$　より $H_0$ を棄却する.

6　有意水準 5 ％で分散は変化したと言える.

**【ex.7-9】** ノズルから一定量の燃料を噴出させる機械を開発しているとする. 噴出量 (cc/sec) の分散はできるだけ小さい方が望ましいが,従来品は分散 $10^2$ $(\text{cc/sec})^2$ であった. 今回,分散 (安定性,精度) にも気を配りながら開発した機械について無作為に 20 回テストを行ったところ,標本分散は $5^2$ $(\text{cc/sec})^2$ であった. 分散は小さくなったと考えてよいか? 有意水準 5 ％で検定せよ. 噴出量は正規分布にしたがうと仮定する.

---

**解**

$\boxed{1}$ 新開発した機械の噴出量の母分散を $\sigma^2$ とする.

$\boxed{2}$ 帰無仮説　$H_0 : \sigma^2 = 10^2$　　　対立仮説　$H_1 : \sigma^2 < 10^2$

$\boxed{3}$ 検定統計量　$\chi^2 = \dfrac{nS^2}{10^2}$ ,　標本分布　$\chi^2(n-1)$

$\boxed{4}$ $n = 20$, $S^2 = 5^2$ より $\chi^2 = \dfrac{20 \times 5^2}{10^2} = 5$

$\boxed{5}$ $\chi^2 = 5 < 10.12 = \chi^2_{19}(1 - 0.05)$　より $H_0$ を棄却する.

$\boxed{6}$ 有意水準 5 ％で分散は小さくなったと言える.

---

**問 7.27**　次の仮説について有意水準 5 ％で母分散の検定をせよ.
 (1) 仮説 $H_0 : \sigma^2 = 15$　　対立仮説 $H_1 : \sigma^2 \neq 15$
 (2) 仮説 $H_0 : \sigma^2 = 15$　　対立仮説 $H_1 : \sigma^2 > 15$
ここで,正規母集団からサンプルサイズ $n = 20$ のランダムサンプルを抽出し,標本分散は $S^2 = 32.5$ とする.

**問 7.28**　小学生ののこぎりを使った作業のばらつきが以前と変わったかどうか知りたいとする. ランダムに選んだ小学生 25 人にのこぎりで板を 30 cm に切ってもらったら,平均 30.2 cm,分散 0.68 $\text{cm}^2$ であった. 10 年前,もっと多人数で卒業製作のために同様の作業をしたときは分散は 0.51 $\text{cm}^2$ であった. いまの小学生は 10 年前よりこうした作業の分散は変化したと言えるだろうか? 切った板の長さは正規分布にしたがうとし,有意水準 10 ％で検定せよ.

**問 7.29**　あるメーカーの部品 B の重量は従来平均 270 g,分散 0.8 $\text{g}^2$ の正規分布にしたがうとされてきた. 今回新しく工場を増設し,同じ部品 B を新工場でも製造を開始した. 新工場での製造状況をばらつきに着目して調べたい. ランダムサンプルを抽出して調べたら,

　　　271.0, 273.1, 275.2, 269.4, 269.8, 272.2, 272.5　(g)

であった. 新工場での部品 B の重量の分散は従来どおりか? 有意水準 5 ％で検定せよ. ただし,新工場でも部品 B の重量は正規分布にしたがうと仮定する.

**問 7.30**　ある短距離の陸上選手の 100 m 走のタイムは平均 10.74 秒，分散 0.05 秒$^2$ であった．今回フォームを変えて走ってみたら，タイムは短縮されたようだがどうも不安定でタイムのばらつきが大きくなった気がする．独立に 30 回走ってみたところ，平均 10.61 秒，分散 0.18 秒$^2$ であった．フォーム変更後のタイムの分散は以前より大きくなったと言えるか？有意水準 5 ％で検定せよ．ただし，フォーム変更後のタイムは正規分布にしたがうと仮定する．

**問 7.31**　ある弁当屋のライスは 250 g と表示されている．いままでは標準偏差は 3.5 g であったが，新しく入ったバイト学生は不馴れなためか，どうも重量にばらつきが感じられる．10 個買って重さを調べたら次のようになった．

$$248, 252, 245, 251, 244, 255, 254, 241, 243, 247 \ (\text{g})$$

これをランダムサンプルと考えたとき，ライスの重量の分散は従来より大きいと言えるか？有意水準 1 ％で検定せよ．ライスの重量は正規分布にしたがうとする．

**問 7.32**　あるスピードスケート 500 m の選手のタイムは平均 37.0 秒，分散 1.2 秒$^2$ の正規分布にしたがうとする．コーチを変えて練習方法も変えて数ヶ月たったときこの選手はタイムが安定してきたと感じている．12 回試しにタイムを計ったら，平均 36.9 秒，分散 0.5 秒$^2$ だった．これをランダムサンプルとみなしたとき，タイムの分散は小さくなった（タイムが安定した）と言えるか？有意水準 10 ％で検定せよ．タイムは正規分布にしたがうとする．

## 7.9 補足（ASA 声明, 検出力）

【ASA 声明】

2016 年 3 月に ASA（米統計学会）から $p$ 値についての声明がなされている（文献 [21]）. $p$ 値とは仮説検定を行った場合に帰無仮説を仮定した上で調査結果がどれほどかけ離れているかを表す尺度であるが, ここでは定義を省いて検定での注意事項として紹介する.

例えば, 棄却条件が $|Z| > 1.96$ のとき, $|Z| = 1.97$ で棄却されるより $|Z| = 3.2$ で棄却される方が「棄却の正当性」は強いだろうか？実は「棄却」という同じ結論が出るだけで「棄却」が強く言えるわけではない. 有意水準を最初に設定する重要性もここにある. 正当性を高めたければ棄却の再現性を高めた方がいい. 他にも次のことが指摘されている.

- 科学的結論や意思決定は検定だけに頼ってはいけない.
- 検定だけでは仮説のエビデンスとしては良い指標とはならない.

ASA 声明の要点は 6 項目にまとめられている. できれば原文を読んでもらいたい.

【検出力とサンプルサイズ】

検出力は仮説 $H_0$ が間違いのときに $H_0$ を棄却する確率である.「母平均の検定 1」両側検定 $\boxed{7.5}$ の場合では, $m \neq m_0$ の下で検出力は

$$W = \frac{\overline{X} - m}{\sigma/\sqrt{n}},\ Z = \frac{\overline{X} - m_0}{\sigma/\sqrt{n}},\ \lambda = \frac{m - m_0}{\sigma/\sqrt{n}}\ とおくと$$

$$
\begin{aligned}
1 - \beta = P(|Z| > z(\alpha)) &= P(|W + \lambda| > z(\alpha)) \\
&= P(W > z(\alpha) - \lambda) + P(W < -z(\alpha) - \lambda)
\end{aligned}
$$

である．$\lambda$ を変数として図示すると次のようになる．これを検出力曲線という．横軸の変数は他の変数，例えば $m$ などを使う場合もある．

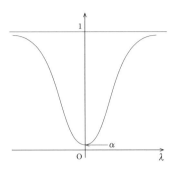

- 検出力は $\lambda$ の値によって変わる．したがって，$m$ の値によって変わる．
- サンプルサイズ $n$ を大きくしていくと検出力も大きくなる．
- 一般には，有意水準 $\alpha$ と $\beta$ を同時に小さくはできない．

　実用では，帰無仮説が完全に $m = m_0$ だけという場合はあまりないだろう．これだけ異なれば意味があるという何らかの幅があるのが通常である．この場合，$\alpha$ と $\beta$ を同時に小さくすることはサンプルサイズを大きくすることで可能となる．帰無仮説に有効な幅（基準となる差）$\Delta$ を設定し，$\alpha$ と $\beta$ を同時に小さくするようにサンプルサイズ $n$ を定めておき，その後に標本調査を行う．母平均の検定 1 の両側検定 $\boxed{7.5}$ の場合で述べると，最初に設定した $\alpha$, $\beta$ $(\beta < 0.5)$ と $\Delta = \dfrac{m - m_0}{\sigma}$ に対し

$$n \geqq \left\{ \frac{z(\alpha) + z(2\beta)}{\Delta} \right\}^2$$

とあらかじめ決めておけばよい（文献 [10]）．

* ASA 声明や検出力の話しでもわかるように，実用の際には様々な準備や注意点があることを知っておいてほしい．

7 章検定法まとめ　　（有意水準 $\alpha$）

$n$：サンプルサイズ，$z(\alpha)$：数表 3-1，$t_k(\alpha)$：数表 5 ，$\chi_k^2(\alpha)$：数表 4

$z(\alpha)$ の値

$z(0.01) = 2.58 \ (2.576)$　　　　$z(0.02) = 2.33 \ (2.326)$

$z(0.05) = 1.96$

$z(0.1) = 1.65 \ (1.645)$　　　　$z(0.2) = 1.28 \ (1.282)$

(1)　母平均の検定

仮説

帰無仮説　$H_0 : m = m_0$　　　対立仮説　① 　$H_1 : m \neq m_0$

② 　$H_1 : m > m_0$

③ 　$H_1 : m < m_0$

| 条件 | 正規母集団 $\sigma^2$ 既知 | 正規母集団 $\sigma^2$ 未知 | 大標本 |
|---|---|---|---|
| 検定統計量 | $Z = \dfrac{\overline{X} - m_0}{\sigma/\sqrt{n}}$ | $T = \dfrac{\overline{X} - m_0}{S/\sqrt{n-1}}$ | $Z = \dfrac{\overline{X} - m_0}{\sigma/\sqrt{n}}$ |
| 標本分布 | $N(0,1)$ | $t(n-1)$ | $N(0,1)$（近似的） |
| 棄却条件 | ① $\|Z\| > z(\alpha)$<br>② $Z > z(2\alpha)$<br>③ $Z < -z(2\alpha)$ | ① $\|T\| > t_{n-1}(\alpha)$<br>② $T > t_{n-1}(2\alpha)$<br>③ $T < -t_{n-1}(2\alpha)$ | ① $\|Z\| > z(\alpha)$<br>② $Z > z(2\alpha)$<br>③ $Z < -z(2\alpha)$ |
| 補足 | | $\dfrac{S}{\sqrt{n-1}} = \dfrac{U}{\sqrt{n}}$ | $\sigma^2$ 未知のとき $U^2, S^2$ で代用 |

(2)　母比率の検定

┌─ 仮説 ─┐

帰無仮説 $H_0 : p = p_0$　　　対立仮説　①　$H_1 : p \neq p_0$

②　$H_1 : p > p_0$

③　$H_1 : p < p_0$

| 条件 | 大標本 |
|---|---|
| 検定統計量 | $Z = \dfrac{\widehat{p} - p_0}{\sqrt{\dfrac{p_0(1-p_0)}{n}}}$ |
| 標本分布 | $N(0,1)$（近似的） |
| 棄却条件 | ① $\lvert Z \rvert > z(\alpha)$<br>② $Z > z(2\alpha)$<br>③ $Z < -z(2\alpha)$ |

(3)　母分散の検定

┌─ 仮説 ─┐

帰無仮説 $H_0 : \sigma^2 = \sigma_0^2$　　　対立仮説 ①　$H_1 : \sigma^2 \neq \sigma_0^2$

②　$H_1 : \sigma^2 > \sigma_0^2$

③　$H_1 : \sigma^2 < \sigma_0^2$

| 条件 | 正規母集団 |
|---|---|
| 検定統計量 | $\chi^2 = \dfrac{nS^2}{\sigma_0^2}$ |
| 標本分布 | $\chi^2(n-1)$ |
| 棄却条件 | ① $\chi^2 < \chi_{n-1}^2(1 - (\alpha/2))$<br>　 または $\chi^2 > \chi_{n-1}^2(\alpha/2)$<br>② $\chi^2 > \chi_{n-1}^2(\alpha)$<br>③ $\chi^2 < \chi_{n-1}^2(1 - \alpha)$ |

# 付　　録 A　　その他の検定と補足

　ここでは 2 つのパラメータを比較する検定を扱う．なお，2つのランダムサンプルが独立である場合のみを考える．

## A.1　母平均の差の検定 1　2 つの正規母集団の母分散が既知の場合またはともに大標本の場合

　2 つの正規母集団と母集団分布を

$$\Pi_1 \,:\, N(m_1, \sigma_1^2) \quad,\quad \Pi_2 \,:\, N(m_2, \sigma_2^2)$$

とし，2 つの母平均 $m_1$, $m_2$ の差の検定を考える．有意水準を $\alpha$ とし，2 つの母分散 $\sigma_1^2$, $\sigma_2^2$ は既知 とする．母集団 $\Pi_1$ からのサイズ $n_1$，母集団 $\Pi_2$ からのサイズ $n_2$ のランダムサンプルを抽出し，独立であると仮定する．さらに，それぞれの標本平均を $\overline{X_1}$, $\overline{X_2}$ とする．

仮説

帰無仮説　$H_0 : m_1 = m_2$ 　　　対立仮説　① 　$H_1 : m_1 \neq m_2$
　　　　　　　　　　　　　　　　　　　　　　　② 　$H_1 : m_1 > m_2$
　　　　　　　　　　　　　　　　　　　　　　　③ 　$H_1 : m_1 < m_2$

検定統計量

$$Z = \frac{\overline{X_1} - \overline{X_2}}{\sqrt{\dfrac{\sigma_1^2}{n_1} + \dfrac{\sigma_2^2}{n_2}}}$$

標本分布

$$N(0, 1)$$

標本調査の結果から $Z$ の値を計算し，$z(\alpha)$ を $\boxed{6.6}$ の記号とするとき

棄却条件

① 　の場合　$|Z| > z(\alpha)$ 　　ならば　$H_0$ を棄却する．
② 　の場合　$Z > z(2\alpha)$ 　　ならば　$H_0$ を棄却する．
③ 　の場合　$Z < -z(2\alpha)$ 　　ならば　$H_0$ を棄却する．

＊　大標本の場合も同様．母分散が未知ならば不偏分散，標本分散の値で代用する．
＊　対立仮説 ③ は省いてもよい．$\Pi_1$, $\Pi_2$ の役割を入れ替えれば ② になる．

**【ex.a-1】**   過去に行われた大規模な英語のテストは平均 65.6 点，標準偏差 18.2 点の正規分布にしたがっているとする．今回，この問題を知らない受験生から志望学部別に無作為に選んだ理学部志望者 70 人と経済学部志望者 85 人 についてこのテストを行ってみた（志望の重複はないとする）．理学部志望者の平均点は 64.7 点，経済学部志望者の平均点は 68.5 点であった．理学部志望者と経済学部志望者の英語のテストの成績は差があると言えるか？有意水準 1 ％で検定せよ．点数はともに正規分布にしたがうとし，母標準偏差はともに以前の値 18.2 点であるとする．

---

**解**

1　理学部志望者のテストの点数の母平均を $m_1$，母分散を $\sigma_1^2$
　　経済学部志望者のテストの点数の母平均を $m_2$，母分散を $\sigma_2^2$ とする．

2　帰無仮説　$H_0 : m_1 = m_2$　　　　対立仮説　$H_1 : m_1 \neq m_2$

3　検定統計量　$Z = \dfrac{\overline{X_1} - \overline{X_2}}{\sqrt{\dfrac{\sigma_1^2}{n_1} + \dfrac{\sigma_2^2}{n_2}}}$　，　標本分布　$N(0, 1)$

　（理学部志望者のテストの点数の標本平均を $\overline{X_1}$, サンプルサイズを $n_1$
　　経済学部志望者のテストの点数の標本平均を $\overline{X_2}$, サンプルサイズを $n_2$ とする）

4　$\overline{X_1} = 64.7,\ n_1 = 70,\ \overline{X_2} = 68.5,\ n_2 = 85,\ \sigma_1 = \sigma_2 = 18.2$　より

$$Z = \frac{64.7 - 68.5}{\sqrt{\dfrac{18.2^2}{70} + \dfrac{18.2^2}{85}}} = -1.29$$

5　$|Z| = 1.29 \leqq 2.58 = z(0.01)$　より $H_0$ を採択する．

6　有意水準 1 ％で理学部志望者と経済学部志望者の英語のテストの成績に差があるとは言えない．

---

**問 a.1**   ある自動車メーカーの A という車種の燃費は開発段階で 10 台調べたときは 平均 25.5 km/L，発売された 12 台を調べたときは 平均 24.9 km/L であった．開発段階の車と発売された車で燃費に差があると言えるか？有意水準 10 ％で検定せよ．ともにランダムサンプルで独立とし，母標準偏差はともに 1.2 km/L であるとし，燃費は正規分布にしたがうと仮定する．

**問 a.2**   同一サイズの建材（板）A, B の耐荷重量について一般的には A の方が耐性が強いとされている．A を 20 枚，B を 15 枚無作為に選び調べてみると A の方は平均 55.8 kg，B の方は平均 45.1 kg であった．A の方が B よりも耐荷重量が大きいと言えるだろうか？有意水準 5 ％で検定せよ．A の母分散は 10.2 kg²，B の母分散は 9.0 kg² とし，耐荷重量はともに正規分布にしたがうとする．

**問 a.3**   睡眠時間が男女で差があるかどうか調べてみた．予備調査では若干女性の方が睡眠時間が短いようである．本調査で（男女別に調査し）ランダムサンプル

として 男性 250 人, 女性 235 人を選んで調べると,

男性は平均 7 時間 15 分（435 分） , 女性は平均 7 時間 01 分（421 分）であった. 母分散については, 以前（男女区別しなかった）もっと大規模な調査したときの分散 1520 分$^2$ の値を, 男女ともに睡眠時間の母分散として利用することにする. 女性の方が睡眠時間が短いと言えるだろうか？有意水準 5 ％で検定せよ.

**問 a.4** 1 日あたりの Ca（カルシウム）摂取量を世代別に調べてみた.

無作為に選んだ 10 代 216 人で平均 550 mg, 標準偏差 171 mg

無作為に選んだ 40 代 360 人で平均 500 mg, 標準偏差 150 mg

Ca 摂取量は 10 代と 40 代で差があると言えるか？有意水準 5 ％で検定せよ.

## A.2 母平均の差の検定 2　2 つの正規母集団で, 母分散が未知であるが等しい場合

有意水準を $\alpha$ とし, 2 つの正規母集団と母集団分布を

$$\Pi_1 : N(m_1, \sigma_1^2) , \Pi_2 : N(m_2, \sigma_2^2)$$

とする. さらに, 2 つの母分散 $\sigma_1^2, \sigma_2^2$ が未知で $\sigma_1^2 = \sigma_2^2$ とする. 母集団 $\Pi_1$ からのサイズ $n_1$, 母集団 $\Pi_2$ からのサイズ $n_2$ のランダムサンプルを抽出し, 独立であると仮定する. また, それぞれの標本平均を $\overline{X_1}, \overline{X_2}$ とし, 標本分散を $S_1^2, S_2^2$ とする.

仮説

帰無仮説　$H_0 : m_1 = m_2$　　　対立仮説　① $H_1 : m_1 \neq m_2$
　② $H_1 : m_1 > m_2$
　③ $H_1 : m_1 < m_2$

検定統計量

$$T = \frac{\overline{X_1} - \overline{X_2}}{\sqrt{\left(\dfrac{1}{n_1} + \dfrac{1}{n_2}\right) \dfrac{n_1 S_1^2 + n_2 S_2^2}{n_1 + n_2 - 2}}}$$

標本分布

$t(n_1 + n_2 - 2)$

棄却条件

① の場合　$|T| > t_{n_1+n_2-2}(\alpha)$　ならば　$H_0$ を棄却する.
② の場合　$T > t_{n_1+n_2-2}(2\alpha)$　ならば　$H_0$ を棄却する.
③ の場合　$T < -t_{n_1+n_2-2}(2\alpha)$　ならば　$H_0$ を棄却する.

**【ex.a-2】**　タイヤメーカー A, B 社の同じ規格のタイヤについて，制動性能は A 社の方が評判が良いとする．各々 10 セット無作為に選んで制動テストを行った（各々のタイヤを付けた車で同条件の下で，ブレーキをかけてから静止するまでの距離を計測）．

　　A 社のタイヤのテスト結果の標本平均は 13.5 m，標本分散は $1.0^2$ $\mathrm{m}^2$
　　B 社のタイヤのテスト結果の標本平均は 14.7 m，標本分散は $1.1^2$ $\mathrm{m}^2$

評判どおり A 社のタイヤの方が制動性能が良いと言えるか？有意水準 5 ％で検定せよ．各タイヤの制動テストの距離は正規分布にしたがい，母分散は等しいとする．

---

**解**

1　A 社のタイヤの制動テストの距離の母平均を $m_1$，母分散を $\sigma_1^2$
　　B 社のタイヤの制動テストの距離の母平均を $m_2$，母分散を $\sigma_2^2$ とする．

2　帰無仮説　$H_0 : m_1 = m_2$　　　対立仮説　$H_1 : m_1 < m_2$

3　検定統計量　$T = \dfrac{\overline{X_1} - \overline{X_2}}{\sqrt{\left(\dfrac{1}{n_1} + \dfrac{1}{n_2}\right)\dfrac{n_1 S_1^2 + n_2 S_2^2}{n_1 + n_2 - 2}}}$

　　標本分布　$t(n_1 + n_2 - 2)$

4　A 社のタイヤについて，標本平均は $\overline{X_1} = 13.5$,
　　　標本分散は $S_1^2 = 1.0^2$，サンプルサイズは $n_1 = 10$
　　B 社のタイヤについて，標本平均は $\overline{X_2} = 14.7$,
　　　標本分散は $S_2^2 = 1.1^2$，サンプルサイズは $n_2 = 10$　　より

　　$T = \dfrac{13.5 - 14.7}{\sqrt{\left(\dfrac{1}{10} + \dfrac{1}{10}\right)\dfrac{10 \cdot 1.0^2 + 10 \cdot 1.1^2}{10 + 10 - 2}}} = -2.42$

5　$T = -2.42 < -1.734 = -t_{18}(2 \times 0.05)$　　　より仮説 $H_0$ を棄却する．

6　有意水準 5 ％で A 社の方がタイヤの制動性能が良いと言える．

---

**問 a.5**　同一メーカーの音楽ポータブルプレーヤー A と B のバッテリー充電時間を比較したい．A を 5 個，B を 6 個ランダムに選んで調べたところ
　　　A の方は標本平均 145（分），標本分散 35（分$^2$）
　　　B の方は標本平均 138（分），標本分散 32（分$^2$）
だった．A, B のバッテリー充電時間は異なると言えるか？有意水準 5 ％で検定せよ．充電時間は正規分布にしたがい，A, B の母分散は等しいとする．

**問 a.6**　世代別に一般常識テストを行ってみた．20 代から 30 人，50 代から 25 人無作為に選んで調べたところ
　　　20 代では，標本平均 68 点，標準偏差 10.5 点
　　　50 代では，標本平均 75 点，標準偏差 11.0 点

だった．20 代と 50 代で一般常識テストの成績が異なると言えるか？有意水準 1 ％
で検定せよ．テストの点数は正規分布にしたがい，2 つの母分散は等しいとする．

**問 a.7**　同じ地区にある 2 つのファーストフード店，A 店と B 店では，A 店の方
が立地条件がよく，A 店の方が売り上げがよいかどうか調べてみた．ともに 15 日
間（時間帯を固定して）売り上げ高を調べてみると

A 店では　標本平均 18.6（万円），標準偏差 5.6（万円）

B 店では　標本平均 13.5（万円），標準偏差 5.1（万円）

であった．A 店の方が売り上げ高が大きいと言えるか？有意水準 1 ％で検定せよ．
売り上げ高は正規分布にしたがうとし，2 つの母分散は等しいとする．

## A.3　母平均の差の検定 3（ウェルチ (Welch) の検定法）

### （2 つの正規母集団で，母分散が未知である場合（$\sigma_1 \neq \sigma_2$））

2 つの正規母集団で母分散が未知の場合，近似的な検定法としてウェルチの検定法
がある（文献 [18], [19] など）．記号は A.2 と同じで有意水準を $\alpha$ とする．

**仮説**

帰無仮説　$H_0 : m_1 = m_2$　　　　対立仮説　① $H_1 : m_1 \neq m_2$

② $H_1 : m_1 > m_2$

③ $H_1 : m_1 < m_2$

**検定統計量**

$$T = \frac{\overline{X_1} - \overline{X_2}}{\sqrt{\dfrac{S_1^2}{n_1-1} + \dfrac{S_2^2}{n_2-1}}}$$

**標本分布**

$t(d)$

$$d = \frac{\left(\dfrac{S_1^2}{n_1-1} + \dfrac{S_2^2}{n_2-1}\right)^2}{\dfrac{S_1^4}{(n_1-1)^3} + \dfrac{S_2^4}{(n_2-1)^3}}$$

$d$ が非整数値の場合は 1 次補間による近似値を使う．以下は同様で

**棄却条件**

① の場合　$|T| > t_d(\alpha)$　　ならば　$H_0$ を棄却する．

② の場合　$T > t_d(2\alpha)$　　ならば　$H_0$ を棄却する．

③ の場合　$T < -t_d(2\alpha)$　　ならば　$H_0$ を棄却する．

## A.4    母比率の差の検定　（独立な場合かつ大標本の場合）

　大標本の場合 に 2 つの母比率の差の検定を考える（有意水準 $\alpha$）．これまでと同じく 2 つのランダムサンプルが独立 とする．

　特性 $A$ について 2 つの母集団 $\Pi_1, \Pi_2$ の母比率をそれぞれ $p_1, p_2$ とする．また，それぞれのサンプルサイズを $n_1$, $n_2$，標本比率をそれぞれ $\widehat{p_1}, \widehat{p_2}$ とする．設定から $\widehat{p_1}, \widehat{p_2}$ は独立であるとし，$n_1, n_2 \gg 1$ の場合を考える．

```
仮説
```

　　　帰無仮説　　$H_0 : p_1 = p_2$　　　　対立仮説　　① 　$H_1 : p_1 \neq p_2$
　　　　　　　　　　　　　　　　　　　　　　　　　　　② 　$H_1 : p_1 > p_2$
　　　　　　　　　　　　　　　　　　　　　　　　　　　③ 　$H_1 : p_1 < p_2$

（仮説 $H_0$ の下で）　　$\bar{p} = p_1 = p_2$ とおいて

```
検定統計量
```

$$Z = \frac{\widehat{p_1} - \widehat{p_2}}{\sqrt{\bar{p}(1 - \bar{p})\left(\dfrac{1}{n_1} + \dfrac{1}{n_2}\right)}}$$

```
標本分布
```

$$N(0, 1)$$

ここで $Z$ の値を計算するときに $\bar{p}$ の値が不明であるので，次の推定値で代用する：

$$\bar{p} = \frac{n_1\widehat{p_1} + n_2\widehat{p_2}}{n_1 + n_2}$$

```
棄却条件
```

　　　① 　の場合　$|Z| > z(\alpha)$　　　ならば　　$H_0$ を棄却する．
　　　② 　の場合　$Z > z(2\alpha)$　　　ならば　　$H_0$ を棄却する．
　　　③ 　の場合　$Z < -z(2\alpha)$　　　ならば　　$H_0$ を棄却する．

**【ex.a-3】**　　ある政策について与党支持者とそれ以外の人に分けて独立に調査してみたら，与党支持者 250 人のうち 140 人，それ以外の人 264 人のうち 102 人がその政策を支持していた（ともにランダムサンプルとする）．与党支持者の政策支持率の方がそれ以外の人の政策支持率よりも高いと言えるだろうか？有意水準 1 ％で検定せよ．

解

1 与党支持者の母政策支持率を $p_1$, それ以外の人の母政策支持率を $p_2$ とする.

2 帰無仮説　$H_0 : p_1 = p_2$　　　対立仮説　$H_1 : p_1 > p_2$

3 与党支持者の標本比率（支持率）を $\widehat{p_1}$, サンプルサイズを $n_1$
それ以外の人の標本比率（支持率）を $\widehat{p_2}$, サンプルサイズを $n_2$
とすると, $n_1 = 250, n_2 = 264$ よりともに大標本とみなす.

検定統計量　$Z = \dfrac{\widehat{p_1} - \widehat{p_2}}{\sqrt{\bar{p}(1-\bar{p})\left(\dfrac{1}{n_1} + \dfrac{1}{n_2}\right)}}$　,　標本分布 $N(0,1)$

ここで, $\bar{p} = p_1 = p_2$ は $\bar{p} = \dfrac{n_1\widehat{p_1} + n_2\widehat{p_2}}{n_1 + n_2}$ で代用する.

4 $\widehat{p_1} = \dfrac{140}{250} = 0.56$, $\widehat{p_2} = \dfrac{102}{264} = 0.3864$, $n_1 = 250$, $n_2 = 264$
だから　$\bar{p} = \dfrac{140 + 102}{250 + 264} = 0.4708$ ,

$$Z = \frac{0.56 - 0.3864}{\sqrt{0.4708(1 - 0.4708)\left(\dfrac{1}{250} + \dfrac{1}{264}\right)}} = 3.94$$

5 $Z = 3.95 > 2.33 = z(2 \times 0.01)$　より $H_0$ を棄却する.

6 有意水準 1 ％で与党支持者の政策支持率の方がそれ以外の人の政策支持率よりも高いと言える.

**問 a.8**　年代別にランダムサンプルを抽出しアンケートを行ったところ，何らかのプロスポーツに関心があると答えた人は，20 代 178 人中 143 人，60 代 240 人中 151 人であった．20 代と 60 代でプロスポーツに関心がある人の比率に差があると言えるだろうか？有意水準 5 ％で検定せよ.

**問 a.9**　ある野球選手（キャッチャー）の盗塁阻止はオープン戦時は 60 回中 26 回であったが，公式試合時では 85 回中 30 回 だった．本来は様々な要因を考慮すべきだが，ここではそれを無視して独立なランダムサンプルと考えたとき，このキャッチャーのオープン戦時と公式試合時で盗塁阻止率に差があるかどうかを有意水準 5 ％で検定せよ.

**問 a.10**　前回の世論調査では（無作為抽出された）調査人数 950 人に対し，内閣支持率は 54 ％であった．今回，政策に対する反対意見が多い中で（前回調査と独立に）世論調査を行ったら，（無作為抽出された）調査人数 1020 人に対し内閣支持率は 45 ％であった．内閣支持率は下がったと言えるか？有意水準 1 ％で検定せよ.

## A.5   母分散比の検定 （等分散の検定； 正規母集団の場合）

2 つの正規母集団と母集団分布を

$$\Pi_1 : N(m_1, \sigma_1^2) \quad , \quad \Pi_2 : N(m_2, \sigma_2^2)$$

とし，有意水準を $\alpha$ とする．さらに母集団 $\Pi_1, \Pi_2$ からの 2 つのランダムサンプルが独立であると仮定する．また，それぞれのサンプルサイズを $n_1, n_2$，不偏分散を $U_1^2, U_2^2$ とする．

---

**仮説**

帰無仮説   $H_0 : \sigma_1^2 = \sigma_2^2$        対立仮説   ①   $H_1 : \sigma_1^2 \neq \sigma_2^2$
                                                      ②   $H_1 : \sigma_1^2 > \sigma_2^2$
                                                      ③   $H_1 : \sigma_1^2 < \sigma_2^2$

---

**検定統計量**

$$F = \frac{U_1^2}{U_2^2}$$

**標本分布**

$$F(n_1-1, n_2-1)$$

調査結果より $F$ の値を計算し

---

**棄却条件**

①   $F > F_{n_1-1, n_2-1}\left(\dfrac{\alpha}{2}\right)$ または $F < F_{n_1-1, n_2-1}\left(1 - \dfrac{\alpha}{2}\right)$

②   $F > F_{n_1-1, n_2-1}(\alpha)$

③   $F < F_{n_1-1, n_2-1}(1 - \alpha)$

                                                      ならば $H_0$ を棄却する．

---

**【ex.a-4】**   A 県，B 県で同じテストを行った．各県で無作為に 20 人ずつ選び，不偏分散を調べると，A 県では $20.1^2$（点$^2$），B 県では $18.5^2$（点$^2$）であった．両県のテストの点数の母分散に違いはあると言えるか？有意水準 10 ％で検定せよ．テストの点数は正規分布にしたがうとする．

---

**解**

1    A 県のテストの母分散を $\sigma_1^2$，B 県のテストの母分散を $\sigma_2^2$ とし，

2    帰無仮説   $H_0 : \sigma_1^2 = \sigma_2^2$        対立仮説   $H_1 : \sigma_1^2 \neq \sigma_2^2$

3  A, B 県のテストの不偏分散を $U_1^2, U_2^2$. サンプルサイズを $n_1, n_2$ とする.

検定統計量　$F = \dfrac{U_1^2}{U_2^2}$　,　標本分布 $F(n_1-1, n_2-1)$

4  A 県のテストの不偏分散は $U_1^2 = 20.1^2$, サイズは $n_1 = 20$,
B 県のテストの不偏分散は $U_2^2 = 18.5^2$, サイズは $n_2 = 20$

$$F = \frac{20.1^2}{18.5^2} = 1.18$$

5
$$F_{19,19}(0.05) = \frac{1}{5}(2.23 + 4 \times 2.16) = 2.17$$
$$F_{19,19}(0.95) = \frac{1}{F_{19,19}(0.05)} = 0.46$$

$F_{19,19}(0.95) \leqq F \leqq F_{19,19}(0.05)$　　より $H_0$ を採択する.

6  有意水準 10 ％で母分散が異なるとは言えない.

**問 a.11**　2 つの正規母集団 $\Pi_1, \Pi_2$ の母分散 $\sigma_1^2, \sigma_2^2$ について, 次の仮説の場合に分散比の検定をせよ. 有意水準は 5 ％とする.
(1)　仮説 $H_0 : \sigma_1^2 = \sigma_2^2$　　対立仮説 $H_1 : \sigma_1^2 \neq \sigma_2^2$
(2)　仮説 $H_0 : \sigma_1^2 = \sigma_2^2$　　対立仮説 $H_1 : \sigma_1^2 > \sigma_2^2$
各々独立にランダムサンプルを抽出したとき, それぞれ不偏分散は $U_1^2 = 58.9$, $U_2^2 = 20.6$, サンプルサイズは $n_1 = 10, n_2 = 13$ とする.

**問 a.12**　25 年前にある学校の生徒 50 人に対して行われた数学のテストの点の不偏分散は 120.3 点$^2$ だった. 今回, その学校で 61 人に対して行われた同じ数学のテストの点の不偏分散は 152.5 点$^2$ だった. 履修内容の違いから母平均に差があることはやむなしとして, ばらつき（母分散）が変化したかどうかを知りたいとする. テストの点が正規分布にしたがうとし, 母分散が変化したかどうか, 有意水準 10 ％で検定せよ.

**問 a.13**　定食屋でバイトをしている A 君はバイトを始めた当初, ライスの盛りつけのばらつきが大きく, 試しに 10 回調べてみたら標本分散は 150.5 g$^2$ だった. 1 ヶ月がたち慣れてきて均一に盛りつけられているのではないかと思い, 無作為に 15 回調べてみたら標本分散は 25.6 g$^2$ だった. 盛りつけのばらつき（母分散）は小さくなったと言えるか？ライスの盛りつけ重量が正規分布にしたがうとし, 有意水準 1 ％で検定せよ.

## A.6  多次元正規分布

この節では $n$ 次元確率変数を $\boldsymbol{X} = {}^t(X_1,...,X_n) = \begin{pmatrix} X_1 \\ \vdots \\ X_n \end{pmatrix}$ と表す.
( ${}^t(\cdots)$ は転置を表す.)

【平均ベクトル,共分散行列】

$\boldsymbol{X} = {}^t(X_1,...,X_n)$ に対し,${}^t\big(E[X_1],...,E[X_n]\big)$ を $\boldsymbol{X}$ の「平均ベクトル」とい
い,$\boldsymbol{m}$ または $E[\boldsymbol{X}]$ で表す.また,$n$ 次行列 $\big(\mathrm{Cov}\,(X_i,X_j)\big)_{ij}$ を $\boldsymbol{X}$ の「共分散
行列」(分散共分散行列)といい,$\boldsymbol{\Sigma}$ または $V[\boldsymbol{X}]$ で表す.

$$\boldsymbol{m} = E[\boldsymbol{X}] = \begin{pmatrix} E[X_1] \\ \vdots \\ E[X_n] \end{pmatrix}, \quad \boldsymbol{\Sigma} = V[\boldsymbol{X}] = \big(\mathrm{Cov}\,(X_i,X_j)\big)_{ij}$$

【 $n$ 次元正規分布】   $N(\boldsymbol{m},\boldsymbol{\Sigma})$

$\boldsymbol{m}$ を $n$ 次元(列)ベクトル,$\boldsymbol{\Sigma}$ を $n$ 次正定値対称行列とする.このとき,
同時密度関数:

$$f(x_1,...,x_n) = (2\pi)^{-n/2}|\boldsymbol{\Sigma}|^{-1/2}\exp\Big(-\frac{1}{2}{}^t(\boldsymbol{x}-\boldsymbol{m})\,\boldsymbol{\Sigma}^{-1}(\boldsymbol{x}-\boldsymbol{m})\Big)$$

( $\boldsymbol{x} = {}^t(x_1,...,x_n)$ ,$|\cdot|$ は行列式を表す: $|\boldsymbol{\Sigma}| = \det\boldsymbol{\Sigma}$ )

によって定まる同時確率分布を「$n$ 次元正規分布」といい,$N(\boldsymbol{m},\boldsymbol{\Sigma})$ と表す.

\* $\boldsymbol{X}$ が $N(\boldsymbol{m},\boldsymbol{\Sigma})$ にしたがうとき,$E[\boldsymbol{X}] = \boldsymbol{m}$ ,$V[\boldsymbol{X}] = \boldsymbol{\Sigma}$

つまり,パラメータ $\boldsymbol{m}$,$\boldsymbol{\Sigma}$ はそれぞれ平均ベクトル,共分散行列になっている.

【2 次元正規分布】   $N(\boldsymbol{m},\boldsymbol{\Sigma})$

$n=2$ の場合,$\boldsymbol{X} = {}^t(X,Y)$ ,$\boldsymbol{m}$ :2 次元ベクトル ,$\boldsymbol{\Sigma}$ :2 次正定値対称行列,
同時密度関数:

$$f(x,y) = \frac{1}{2\pi}|\boldsymbol{\Sigma}|^{-1/2}\exp\Big(-\frac{1}{2}{}^t(\boldsymbol{x}-\boldsymbol{m})\,\boldsymbol{\Sigma}^{-1}(\boldsymbol{x}-\boldsymbol{m})\Big)$$

\* $\boldsymbol{x} = \begin{pmatrix} x \\ y \end{pmatrix}$ ,$\boldsymbol{m} = \begin{pmatrix} E[X] \\ E[Y] \end{pmatrix}$ ,$\boldsymbol{\Sigma} = \begin{pmatrix} \mathrm{Cov}\,(X,X) & \mathrm{Cov}\,(X,Y) \\ \mathrm{Cov}\,(X,Y) & \mathrm{Cov}\,(Y,Y) \end{pmatrix}$

この同時密度関数を書き換えると次のようになる：

$$f(x,y) = \frac{1}{2\pi\sigma_X\sigma_Y\sqrt{1-r^2}} \times \exp\left[-\frac{1}{2(1-r^2)}\left\{\left(\frac{x-m_X}{\sigma_X}\right)^2\right.\right.$$
$$\left.\left.- 2r\left(\frac{x-m_X}{\sigma_X}\right)\left(\frac{y-m_Y}{\sigma_Y}\right) + \left(\frac{y-m_Y}{\sigma_Y}\right)^2\right\}\right]$$

$$(m_X, m_Y \in \boldsymbol{R}, \quad \sigma_X, \sigma_Y > 0, \quad -1 < r < 1 \; ; \; (x,y) \in \boldsymbol{R}^2)$$

ここで，

$$m_X = E[X] \qquad m_Y = E[Y]$$
$$\sigma_X^2 = V[X] \qquad \sigma_Y^2 = V[Y]$$
$$r = r(X, Y) \qquad （相関係数）$$

である．同時密度関数のグラフの概形は下のようになり，点 $(m_X, m_Y)$ で最大となる．

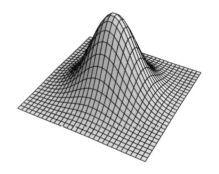

$\sigma_X = \sigma_Y$ のとき，等高線を入れて上から見ると相関係数によって次のようになる．

$r > 0$            $r = 0$            $r < 0$

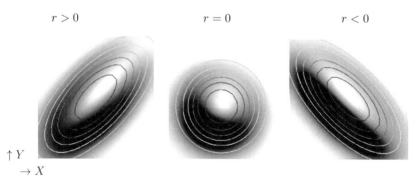

$\uparrow Y$
$\rightarrow X$

# 付　　録 B　　問の答え

## 【Chap.1】

問 **1.1**　$\dfrac{1}{2}$　　問 **1.2**　$\dfrac{1}{12}$　　問 **1.3**　$\dfrac{7}{12}$　　問 **1.4**　$\dfrac{5}{6}$

問 **1.5**　(1) $P(A) = \dfrac{2}{5}$ , $P(B) = \dfrac{7}{10}$　(2) $\dfrac{1}{10}$　(3) $1$　(4) $\dfrac{3}{5}$　問 **1.6**　$\dfrac{1}{4}$

問 **1.7**　$\pi/4$　　問 **1.8**　$\dfrac{1}{4}$　　問 **1.9**　$\dfrac{20}{69} \fallingdotseq 0.29$　　問 **1.10**　$\dfrac{21}{31} \fallingdotseq 0.677$

問 **1.11**　$\dfrac{12}{41} \fallingdotseq 0.293$　問 **1.12**　$\dfrac{15}{64} \fallingdotseq 0.234$　問 **1.13**　$\dfrac{80}{243} \fallingdotseq 0.329$

問 **1.14**　$\dfrac{216}{625} \fallingdotseq 0.346$　問 **1.15**　$\dfrac{21}{32} \fallingdotseq 0.656$　問 **1.16**　$\dfrac{452709}{9765625} \fallingdotseq 0.046$

## 【Chap.2】

問 **2.1**　$\dfrac{7}{10}$　　問 **2.2**　$1 - 4e^{-3} \fallingdotseq 0.801$

問 **2.3**　(1) $P(X = k) = \dfrac{{}_2C_k\,{}_8C_{3-k}}{120} = \begin{cases} 7/15 & (k = 0, 1) \\ 1/15 & (k = 2) \end{cases}$　(2) $\dfrac{8}{15}$

問 **2.4**　(1) $c = 2$　(2) $\dfrac{1}{9}$　問 **2.5**　$0.3$　問 **2.6**　$a = 4$, $P(1 \leqq x \leqq 2) = \dfrac{15}{16}$,

$P(x \geqq 2) = \dfrac{1}{16}$　問 **2.7**　$e^{-1} - e^{-9} \fallingdotseq 0.368$　問 **2.8**　$0.4$　問 **2.9**　$\dfrac{93}{16} \fallingdotseq 5.81$

問 **2.10**　$2$　問 **2.11**　$P(X = k) = \dfrac{1}{4}\left(\dfrac{3}{4}\right)^{k-1}$ $(k = 1, 2, ...)$, $E[X] = 4$（回）

問 **2.12**　$5.5$　　問 **2.13**　$0.5$（分）　問 **2.14**　$5$（分）

問 **2.15**　(1) $4/3$　(2) $\alpha$　問 **2.16**　$E[X] = \sqrt{\dfrac{2}{\pi}}$

問 **2.17**　(1) $\sigma^2 = 3.04$　(2) $\sigma^2 = 2$　(3) $\sigma^2 = 12$

問 **2.18**　(1) $\sigma^2 = \dfrac{2}{9}, \sigma = \dfrac{\sqrt{2}}{3}$　(2) $\sigma^2 = \dfrac{25}{3}, \sigma = \dfrac{5\sqrt{3}}{3}$　(3) $\sigma^2 = \dfrac{1}{4}, \sigma = \dfrac{1}{2}$

問 **2.19**　(1) $E[Y] = -9$, $V[Y] = 75$　(2) $E[Y] = 5$, $V[Y] = 3$
(3) $E[Y] = 10$, $V[Y] = 27$

問 **2.20**　(1) $Z = \dfrac{X - 1}{\sqrt{2}}$　(2) $Z = 2X + 6$　問 **2.21**　(1) $59.6$　(2) $57.5$

問 **2.22**　$6$ 点以上

## 【Chap.3】

問 **3.1**　$P(X = k) = {}_{12}C_k(0.1)^k(0.9)^{12-k}$ $(k = 0, 1, 2, ..., 12)$

$E[X] = 1.2$ , $V[X] = 1.08$ , $M_X(t) = \left(\dfrac{e^t + 9}{10}\right)^{12}$

問 **3.2**　(1) $B(3, 0.4)$　(2) $E[X] = 1.2, V[X] = 0.72$　(3) $\dfrac{36}{125} = 0.288$

問 **3.3**　(1) $B(8, 0.7)$　(2) $E[X] = 5.6$, $V[X] = 1.68$　(3) 0.255

問 **3.4**　(1) $B(7, 0.2)$　(2) $E[X] = 1.4$, $V[X] = 1.12$　(3) $(0.8)^7 \fallingdotseq 0.21$

問 **3.5**　(1) 0.1　(2) 1.5　(3) 0.451

問 **3.6**　$B(5, 1/3)$, $E[X] = \dfrac{5}{3}$, $V[X] = \dfrac{10}{9}$　　問 **3.7**　0.494　問 **3.8**　0.551

問 **3.9**　(1) 0.577　(2) 480（個以上）　問 **3.10**　0.355　問 **3.11**　0.143

問 **3.12**　(1) $B(100, 0.025)$, $P_o(2.5)$　(2) 0.713　　問 **3.13**　$\dfrac{15}{16} \fallingdotseq 0.938$

問 **3.14**　(1) パラメータ $p = 0.1$ の幾何分布, $E[X] = 10$　(2) $\left(\dfrac{9}{10}\right)^{50} \fallingdotseq 0.0052$

問 **3.15**　0.271　　問 **3.16**　(1) パラメータ $p = 0.6$ の幾何分布

(2) $E[X] = \dfrac{5}{3} \fallingdotseq 1.67$　　問 **3.17**　2/3

問 **3.18**　(1) 区間 $[-0.5, 0.5)$ での一様分布　(2) $E[X] = 0$, $V[X] = \dfrac{1}{12}$　(3) 0.4

問 **3.19**　$\dfrac{\sqrt{3}}{3}$　　問 **3.20**　$1 - e^{-2/3} \fallingdotseq 0.487$　　問 **3.21**　$1 - e^{-1} \fallingdotseq 0.632$

問 **3.22**　$e^{-3} \fallingdotseq 0.05$　問 **3.23**　$e^{-4} \fallingdotseq 0.018$

問 **3.24**　$f(x) = \dfrac{1}{4\sqrt{\pi}} \exp\left(-\dfrac{(x-2)^2}{16}\right)$, $E[X] = 2$, $V[X] = 8$, $\sigma = 2\sqrt{2}$, $M_X(t) = \exp(2t + 4t^2)$

問 **3.25**　(1) $N(1, 2)$　(2) $N(-1, 6)$　問 **3.26**　(1) $N(3, 16)$　(2) $N(0, 16)$

　(3) $N(0, 1)$　(4) $N\left(-\dfrac{1}{3}, \dfrac{4}{9}\right)$　　問 **3.27**　$a = \dfrac{5}{6}$, $b = \dfrac{160}{3}$

問 **3.28**　(1) 0.173　(2) 0.440　(3) 0.309　(4) 0.894　問 **3.29**　0.444

問 **3.30**　(1) 0.954（95.4 %）　(2) 0.997（99.7 %）　(3) 0.383（38.3 %）

問 **3.31**　(1) 6.935　(2) $-3.643$　(3) 7.88

問 **3.32**　(1) 0.341（34.1 %）　(2) 58.4

問 **3.33**　(1) 0.309（30.9 %）　(2) 56 点以下

問 **3.34**　$X^* = \dfrac{3}{4}X + \dfrac{157}{8} = 0.75X + 19.625$

問 **3.35**　$a = 60$, $b = 36$　　問 **3.36**　0.632　　問 **3.37**　0.939

問 **3.38**　0.833（0.834）　問 **3.39**　(1) 0.869（86.9 %）　(2) 0.066（6.6 %）

問 **3.40**　(1) 0.954　(2) 0.486　(3) 0.209

問 **3.41**　(1) $2e^2$　(2) 0.159

**【Chap.4】**

問 **4.1**　0.897　　問 **4.2**　0.996　　問 **4.3**　0.629　　問 **4.4**　0.756

問 **4.5**　(1) $Y = 0.884X + 8.55$　(2) $Y = 0.968X + 0.37$

(3) $Y = 0.0474X + 62.08$　(4) $Y = 0.881X + 51.0$　（四捨五入による誤差あり）

**【Chap.5】**

問 **5.1**　$\overline{X} = 223$, $S^2 = 10$, $U^2 = 12.5$

問 **5.2**　$\overline{X} = 9.1$, $S^2 = 0.063$, $U^2 = 0.076$

問 **5.3**    $\overline{X} = 1.4875 \fallingdotseq 1.49,\ S^2 = 0.0022,\ U^2 = 0.0026$

問 **5.4**    $\overline{X} = 32.6,\ S^2 = 4.99,\ U^2 = 5.82$

問 **5.5**    $E[\overline{X}] = 5,\ V[\overline{X}] = 1.5,\ E[S^2] = 13.5,\ E[U^2] = 15$

問 **5.6**    $N(-1, 0.1)$    問 **5.7**    $N(0.6, 0.0008)$

問 **5.8**    (1) $N\left(0, \dfrac{25}{3}\right)$    (2) 0.70    問 **5.9**    (1) 12.59    (2) 3.94    (3) 30.6

問 **5.10**    (1) 2.571    (2) 2.015    (3) $-2.602$    問 **5.11**    (1) 5.41    (2) 0.097

## 【Chap.6】

問 **6.1**    1.58    問 **6.2**    0.113    問 **6.3**    0.018    問 **6.4**    $[38.37, 40.63]$

問 **6.5**    $[1272.9, 1287.1]$ (h)    問 **6.6**    $[252.7, 257.3]$（ヤード）

問 **6.7**    $[37.07, 39.93]$（秒）    問 **6.8**    $[69.57, 70.83]$

問 **6.9**    $[8.39, 8.81]$（時間）    問 **6.10**    $n \geqq 31$    問 **6.11**    $n \geqq 107$

問 **6.12**    $[64.43, 75.97]$    問 **6.13**    $[77.67, 84.73]$（点）

問 **6.14**    $[14.24, 16.16]$（秒）    問 **6.15**    $[218.6, 227.4]$ (g)

問 **6.16**    $[1.42, 1.55]$ (mg/L)    問 **6.17**    $[30.3, 140.7]$

問 **6.18**    $[55.4, 281.7]$ (h$^2$)    問 **6.19**    $[0.31, 4.73]$ (g$^2$)

問 **6.20**    $[67.7, 123.6]$（点$^2$）    問 **6.21**    $[33.7, 38.5]$（%）

問 **6.22**    $[49.4, 60.6]$（%）    問 **6.23**    $[19.0, 29.4]$（%）

問 **6.24**    $[52.2, 65.8]$（%）    問 **6.25**    $[60.3, 75.7]$（%）

問 **6.26**    $[3.2, 6.8]$（%）    問 **6.27**    (1) $n \geqq 1537$    (2) $n \geqq 7374$

## 【Chap.7】    （一部「仮説の番号，統計量の値，棄却／採択に関する不等式」を記す．）

問 **7.1**    (1)  仮説 $H_0$ を採択    (2)  仮説 $H_0$ を棄却

問 **7.2**    このボールは注文どおりでないと言える．

問 **7.3**    この日の製品は通常と異なるとは言えない．（①，$|Z| = 0.968 \leqq 2.576$）

問 **7.4**    表示と異なると言える．（①，$|Z| = 2.485 > 1.96$）

問 **7.5**    以前よりタイムが短縮されたと言える．（③，$Z = -2.71 < -1.645$）

問 **7.6**    肥料 A を与えた場合に重い実ができるとは言えない．
　　　　（②，$Z = 1.768 \leqq 2.326$）

問 **7.7**    参加標準記録を上回っていると言える．（②，$Z = 1.936 > 1.282$）

問 **7.8**    (1)  仮説 $H_0$ を棄却    (2)  仮説 $H_0$ を棄却

問 **7.9**    この製品の長さはカタログ記載の長さと異なると言える．

問 **7.10**    この地域の住人の米の消費量は全体と異なるとは言えない．
　　　　（①，$|Z| = 0.92 \leqq 1.96$）

問 **7.11**    成人男性の 1 日の食塩摂取量は平均して 10 g を超えていると言える．
　　　　（②，$Z = 8.42 > 1.645$）

問 **7.12**    (1)  仮説 $H_0$ を棄却    (2)  仮説 $H_0$ を棄却

問 **7.13**    昔と比べて全体的な学力は変化したと言える．

問 **7.14**    新工場での部品 B の重量は従来と異なると言える．
　　　　（①，$|T| = 2.482 > 2.447$）

問 **7.15**    A の水分量は全体と異なると言える．（①，$|T| = 4.047 > 2.064$）

問 **7.16**　この対策により騒音は軽減されたと言える．（③ , $T = -6 < -1.415$）

問 **7.17**　(1)　ライスの重量は表示より少ないとは言えない．
　　　　　　　（③ , $T = -1.309 \geqq -2.821$）
　　　　　(2)　新しい店のライスは以前の店のライスより多いと言える．
　　　　　　　（② , $T = 3.464 > 2.015$）

問 **7.18**　タイムが短縮されたと言える．（③ , $T = -5.25 < -1.833$）

問 **7.19**　(1)　仮説 $H_0$ を採択　　(2)　仮説 $H_0$ を棄却

問 **7.20**　抗生物質 B の有効性は従来と異なると言える．

問 **7.21**　予想がはずれたとは言えない．（① , $|Z| = 0.62 \leqq 2.58$）

問 **7.22**　不良品率は下がったと言える．（③ , $Z = -2.085 \geqq -1.645$）

問 **7.23**　直接対決の力量に差があるとは言えない．（① , $|Z| = 0.632 \leqq 2.576$）

問 **7.24**　5 年生存率は向上したと言える．（② , $Z = 2.830 > 1.645$）

問 **7.25**　視聴率が変わったと言える．（① , $|Z| = 2.37 > 1.96$）

問 **7.26**　目標を達成したと言える．（② , $Z = 2.121 > 1.645$）

問 **7.27**　(1)　仮説 $H_0$ を棄却　　(2)　仮説 $H_0$ を棄却

問 **7.28**　この作業の分散は以前と比べて変化したとは言えない．

問 **7.29**　新工場での部品 B の重量の分散は従来と異なると言える．
　　　　　　（① , $\chi^2 = 30.31 > 14.45$）

問 **7.30**　フォーム変更後のタイムの分散は以前より大きくなったと言える．
　　　　　　（② , $\chi^2 = 108 > 42.56$）

問 **7.31**　ライスの重量の分散は従来より大きいとは言えない．
　　　　　　（② , $\chi^2 = 17.14 \leqq 21.7$）

問 **7.32**　タイムの分散は小さくなったと言える．（③ , $\chi^2 = 5 < 5.58$）

## 【付録 A】

問 **a.1**　開発段階の車と発売された車で燃費に差があるとは言えない．

問 **a.2**　A の方が B よりも耐荷重量が大きいと言える．（② , $Z = 10.16 > 1.65$）

問 **a.3**　男性より女性の方が睡眠時間が短いと言える．（② , $Z = 3.952 > 1.645$）

問 **a.4**　Ca 摂取量は 10 代と 40 代で差があると言える．（① , $|Z| = 3.55 > 1.96$）

問 **a.5**　A と B のバッテリー充電時間は異なるとは言えない．

問 **a.6**　20 代と 50 代で一般常識テストの成績が異なるとは言えない．
　　　　　（① , $|T| = 2.365 \leqq 2.675$）

問 **a.7**　A 店の方が売り上げ高が大きいと言える．（② , $T = 2.519 > 2.467$）

問 **a.8**　20 代と 60 代でプロスポーツに関心がある人の比率に差があると言える．

問 **a.9**　オープン戦時と公式試合時で盗塁阻止率に差があるとは言えない．
　　　　　（① , $|Z| = 0.979 \leqq 1.96$）

問 **a.10**　内閣支持率は下がったと言える．（② , $Z = 3.99 > 2.33$）

問 **a.11**　(1)　仮説 $H_0$ を採択　　(2)　仮説 $H_0$ を棄却

問 **a.12**　母分散が変化したとは言えない．

問 **a.13**　盛りつけのばらつきは小さくなったと言える．（② , $F = 6.10 > 4.03$）

# 付　録 C　数表

## 数表 1　ポアソン分布表

$$P(X = k) = e^{-\lambda} \frac{\lambda^k}{k!}$$

| $k\backslash\lambda$ | 0.1 | 0.2 | 0.3 | 0.4 | 0.5 | 0.6 | 0.7 | 0.8 | 0.9 | 1.0 |
|---|---|---|---|---|---|---|---|---|---|---|
| 0 | 0.9048 | 0.8187 | 0.7408 | 0.6703 | 0.6065 | 0.5488 | 0.4966 | 0.4493 | 0.4066 | 0.3679 |
| 1 | 0.0905 | 0.1637 | 0.2222 | 0.2681 | 0.3033 | 0.3293 | 0.3476 | 0.3595 | 0.3659 | 0.3679 |
| 2 | 0.0045 | 0.0164 | 0.0333 | 0.0536 | 0.0758 | 0.0988 | 0.1217 | 0.1438 | 0.1647 | 0.1839 |
| 3 | 0.0002 | 0.0011 | 0.0033 | 0.0072 | 0.0126 | 0.0198 | 0.0284 | 0.0383 | 0.0494 | 0.0613 |
| 4 | $\cdots$ | 0.0001 | 0.0003 | 0.0007 | 0.0016 | 0.0030 | 0.0050 | 0.0077 | 0.0111 | 0.0153 |
| 5 | $\cdots$ | $\cdots$ | $\cdots$ | 0.0001 | 0.0002 | 0.0004 | 0.0007 | 0.0012 | 0.0020 | 0.0031 |
| 6 | $\cdots$ | $\cdots$ | $\cdots$ | $\cdots$ | $\cdots$ | $\cdots$ | 0.0001 | 0.0002 | 0.0003 | 0.0005 |
| 7 | $\cdots$ | $\cdots$ | $\cdots$ | $\cdots$ | $\cdots$ | $\cdots$ | $\cdots$ | $\cdots$ | $\cdots$ | 0.0001 |

| $k\backslash\lambda$ | 1.1 | 1.2 | 1.3 | 1.4 | 1.5 | 1.6 | 1.7 | 1.8 | 1.9 | 2.0 |
|---|---|---|---|---|---|---|---|---|---|---|
| 0 | 0.3329 | 0.3012 | 0.2725 | 0.2466 | 0.2231 | 0.2019 | 0.1827 | 0.1653 | 0.1496 | 0.1353 |
| 1 | 0.3662 | 0.3614 | 0.3543 | 0.3452 | 0.3347 | 0.3230 | 0.3106 | 0.2975 | 0.2842 | 0.2707 |
| 2 | 0.2014 | 0.2169 | 0.2303 | 0.2417 | 0.2510 | 0.2584 | 0.2640 | 0.2678 | 0.2700 | 0.2707 |
| 3 | 0.0738 | 0.0867 | 0.0998 | 0.1128 | 0.1255 | 0.1378 | 0.1496 | 0.1607 | 0.1710 | 0.1804 |
| 4 | 0.0203 | 0.0260 | 0.0324 | 0.0395 | 0.0471 | 0.0551 | 0.0636 | 0.0723 | 0.0812 | 0.0902 |
| 5 | 0.0045 | 0.0062 | 0.0084 | 0.0111 | 0.0141 | 0.0176 | 0.0216 | 0.0260 | 0.0309 | 0.0361 |
| 6 | 0.0008 | 0.0012 | 0.0018 | 0.0026 | 0.0035 | 0.0047 | 0.0061 | 0.0078 | 0.0098 | 0.0120 |
| 7 | 0.0001 | 0.0002 | 0.0003 | 0.0005 | 0.0008 | 0.0011 | 0.0015 | 0.0020 | 0.0027 | 0.0034 |
| 8 | $\cdots$ | $\cdots$ | 0.0001 | 0.0001 | 0.0001 | 0.0002 | 0.0003 | 0.0005 | 0.0006 | 0.0009 |
| 9 | $\cdots$ | $\cdots$ | $\cdots$ | $\cdots$ | $\cdots$ | $\cdots$ | 0.0001 | 0.0001 | 0.0001 | 0.0002 |

| $k\backslash\lambda$ | 2.1 | 2.2 | 2.3 | 2.4 | 2.5 | 2.6 | 2.7 | 2.8 | 2.9 | 3.0 |
|---|---|---|---|---|---|---|---|---|---|---|
| 0 | 0.1225 | 0.1108 | 0.1003 | 0.0907 | 0.0821 | 0.0743 | 0.0672 | 0.0608 | 0.0550 | 0.0498 |
| 1 | 0.2572 | 0.2438 | 0.2306 | 0.2177 | 0.2052 | 0.1931 | 0.1815 | 0.1703 | 0.1596 | 0.1494 |
| 2 | 0.2700 | 0.2681 | 0.2652 | 0.2613 | 0.2565 | 0.2510 | 0.2450 | 0.2384 | 0.2314 | 0.2240 |
| 3 | 0.1890 | 0.1966 | 0.2033 | 0.2090 | 0.2138 | 0.2176 | 0.2205 | 0.2225 | 0.2237 | 0.2240 |
| 4 | 0.0992 | 0.1082 | 0.1169 | 0.1254 | 0.1336 | 0.1414 | 0.1488 | 0.1557 | 0.1622 | 0.1680 |
| 5 | 0.0417 | 0.0476 | 0.0538 | 0.0602 | 0.0668 | 0.0735 | 0.0804 | 0.0872 | 0.0940 | 0.1008 |
| 6 | 0.0146 | 0.0174 | 0.0206 | 0.0241 | 0.0278 | 0.0319 | 0.0362 | 0.0407 | 0.0455 | 0.0504 |
| 7 | 0.0044 | 0.0055 | 0.0068 | 0.0083 | 0.0099 | 0.0118 | 0.0139 | 0.0163 | 0.0188 | 0.0216 |
| 8 | 0.0011 | 0.0015 | 0.0019 | 0.0025 | 0.0031 | 0.0038 | 0.0047 | 0.0057 | 0.0068 | 0.0081 |
| 9 | 0.0003 | 0.0004 | 0.0005 | 0.0007 | 0.0009 | 0.0011 | 0.0014 | 0.0018 | 0.0022 | 0.0027 |
| 10 | 0.0001 | 0.0001 | 0.0001 | 0.0002 | 0.0002 | 0.0003 | 0.0004 | 0.0005 | 0.0006 | 0.0008 |
| 11 | $\cdots$ | $\cdots$ | $\cdots$ | $\cdots$ | $\cdots$ | 0.0001 | 0.0001 | 0.0001 | 0.0002 | 0.0002 |
| 12 | $\cdots$ | $\cdots$ | $\cdots$ | $\cdots$ | $\cdots$ | $\cdots$ | $\cdots$ | $\cdots$ | $\cdots$ | 0.0001 |

| $k\backslash\lambda$ | 3.1 | 3.2 | 3.3 | 3.4 | 3.5 | 3.6 | 3.7 | 3.8 | 3.9 | 4.0 |
|---|---|---|---|---|---|---|---|---|---|---|
| 0 | 0.0450 | 0.0408 | 0.0369 | 0.0334 | 0.0302 | 0.0273 | 0.0247 | 0.0224 | 0.0202 | 0.0183 |
| 1 | 0.1397 | 0.1304 | 0.1217 | 0.1135 | 0.1057 | 0.0984 | 0.0915 | 0.0850 | 0.0789 | 0.0733 |
| 2 | 0.2165 | 0.2087 | 0.2008 | 0.1929 | 0.1850 | 0.1771 | 0.1692 | 0.1615 | 0.1539 | 0.1465 |
| 3 | 0.2237 | 0.2226 | 0.2209 | 0.2186 | 0.2158 | 0.2125 | 0.2087 | 0.2046 | 0.2001 | 0.1954 |
| 4 | 0.1733 | 0.1781 | 0.1823 | 0.1858 | 0.1888 | 0.1912 | 0.1931 | 0.1944 | 0.1951 | 0.1954 |
| 5 | 0.1075 | 0.1140 | 0.1203 | 0.1264 | 0.1322 | 0.1377 | 0.1429 | 0.1477 | 0.1522 | 0.1563 |
| 6 | 0.0555 | 0.0608 | 0.0662 | 0.0716 | 0.0771 | 0.0826 | 0.0881 | 0.0936 | 0.0989 | 0.1042 |
| 7 | 0.0246 | 0.0278 | 0.0312 | 0.0348 | 0.0385 | 0.0425 | 0.0466 | 0.0508 | 0.0551 | 0.0595 |
| 8 | 0.0095 | 0.0111 | 0.0129 | 0.0148 | 0.0169 | 0.0191 | 0.0215 | 0.0241 | 0.0269 | 0.0298 |
| 9 | 0.0033 | 0.0040 | 0.0047 | 0.0056 | 0.0066 | 0.0076 | 0.0089 | 0.0102 | 0.0116 | 0.0132 |
| 10 | 0.0010 | 0.0013 | 0.0016 | 0.0019 | 0.0023 | 0.0028 | 0.0033 | 0.0039 | 0.0045 | 0.0053 |
| 11 | 0.0003 | 0.0004 | 0.0005 | 0.0006 | 0.0007 | 0.0009 | 0.0011 | 0.0013 | 0.0016 | 0.0019 |
| 12 | 0.0001 | 0.0001 | 0.0001 | 0.0002 | 0.0002 | 0.0003 | 0.0003 | 0.0004 | 0.0005 | 0.0006 |
| 13 | $\cdots$ | $\cdots$ | $\cdots$ | $\cdots$ | 0.0001 | 0.0001 | 0.0001 | 0.0001 | 0.0002 | 0.0002 |
| 14 | $\cdots$ | $\cdots$ | $\cdots$ | $\cdots$ | $\cdots$ | $\cdots$ | $\cdots$ | $\cdots$ | $\cdots$ | 0.0001 |

| $k\backslash\lambda$ | 4.1 | 4.2 | 4.3 | 4.4 | 4.5 | 4.6 | 4.7 | 4.8 | 4.9 | 5.0 |
|---|---|---|---|---|---|---|---|---|---|---|
| 0 | 0.0166 | 0.0150 | 0.0136 | 0.0123 | 0.0111 | 0.0101 | 0.0091 | 0.0082 | 0.0074 | 0.0067 |
| 1 | 0.0679 | 0.0630 | 0.0583 | 0.0540 | 0.0500 | 0.0462 | 0.0427 | 0.0395 | 0.0365 | 0.0337 |
| 2 | 0.1393 | 0.1323 | 0.1254 | 0.1188 | 0.1125 | 0.1063 | 0.1005 | 0.0948 | 0.0894 | 0.0842 |
| 3 | 0.1904 | 0.1852 | 0.1798 | 0.1743 | 0.1687 | 0.1631 | 0.1574 | 0.1517 | 0.1460 | 0.1404 |
| 4 | 0.1951 | 0.1944 | 0.1933 | 0.1917 | 0.1898 | 0.1875 | 0.1849 | 0.1820 | 0.1789 | 0.1755 |
| 5 | 0.1600 | 0.1633 | 0.1662 | 0.1687 | 0.1708 | 0.1725 | 0.1738 | 0.1747 | 0.1753 | 0.1755 |
| 6 | 0.1093 | 0.1143 | 0.1191 | 0.1237 | 0.1281 | 0.1323 | 0.1362 | 0.1398 | 0.1432 | 0.1462 |
| 7 | 0.0640 | 0.0686 | 0.0732 | 0.0778 | 0.0824 | 0.0869 | 0.0914 | 0.0959 | 0.1002 | 0.1044 |
| 8 | 0.0328 | 0.0360 | 0.0393 | 0.0428 | 0.0463 | 0.0500 | 0.0537 | 0.0575 | 0.0614 | 0.0653 |
| 9 | 0.0150 | 0.0168 | 0.0188 | 0.0209 | 0.0232 | 0.0255 | 0.0281 | 0.0307 | 0.0334 | 0.0363 |
| 10 | 0.0061 | 0.0071 | 0.0081 | 0.0092 | 0.0104 | 0.0118 | 0.0132 | 0.0147 | 0.0164 | 0.0181 |
| 11 | 0.0023 | 0.0027 | 0.0032 | 0.0037 | 0.0043 | 0.0049 | 0.0056 | 0.0064 | 0.0073 | 0.0082 |
| 12 | 0.0008 | 0.0009 | 0.0011 | 0.0013 | 0.0016 | 0.0019 | 0.0022 | 0.0026 | 0.0030 | 0.0034 |
| 13 | 0.0002 | 0.0003 | 0.0004 | 0.0005 | 0.0006 | 0.0007 | 0.0008 | 0.0009 | 0.0011 | 0.0013 |
| 14 | 0.0001 | 0.0001 | 0.0001 | 0.0001 | 0.0002 | 0.0002 | 0.0003 | 0.0003 | 0.0004 | 0.0005 |
| 15 | $\cdots$ | $\cdots$ | $\cdots$ | $\cdots$ | 0.0001 | 0.0001 | 0.0001 | 0.0001 | 0.0001 | 0.0002 |

# 数表 2　正規分布表 1

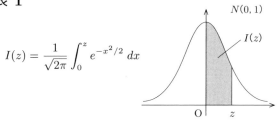

$$I(z) = \frac{1}{\sqrt{2\pi}} \int_0^z e^{-x^2/2}\, dx$$

| z | 0.00 | 0.01 | 0.02 | 0.03 | 0.04 | 0.05 | 0.06 | 0.07 | 0.08 | 0.09 |
|---|------|------|------|------|------|------|------|------|------|------|
| 0.0 | 0.0000 | 0.0040 | 0.0080 | 0.0120 | 0.0160 | 0.0199 | 0.0239 | 0.0279 | 0.0319 | 0.0359 |
| 0.1 | 0.0398 | 0.0438 | 0.0478 | 0.0517 | 0.0557 | 0.0596 | 0.0636 | 0.0675 | 0.0714 | 0.0753 |
| 0.2 | 0.0793 | 0.0832 | 0.0871 | 0.0910 | 0.0948 | 0.0987 | 0.1026 | 0.1064 | 0.1103 | 0.1141 |
| 0.3 | 0.1179 | 0.1217 | 0.1255 | 0.1293 | 0.1331 | 0.1368 | 0.1406 | 0.1443 | 0.1480 | 0.1517 |
| 0.4 | 0.1554 | 0.1591 | 0.1628 | 0.1664 | 0.1700 | 0.1736 | 0.1772 | 0.1808 | 0.1844 | 0.1879 |
| 0.5 | 0.1915 | 0.1950 | 0.1985 | 0.2019 | 0.2054 | 0.2088 | 0.2123 | 0.2157 | 0.2190 | 0.2224 |
| 0.6 | 0.2257 | 0.2291 | 0.2324 | 0.2357 | 0.2389 | 0.2422 | 0.2454 | 0.2486 | 0.2517 | 0.2549 |
| 0.7 | 0.2580 | 0.2611 | 0.2642 | 0.2673 | 0.2704 | 0.2734 | 0.2764 | 0.2794 | 0.2823 | 0.2852 |
| 0.8 | 0.2881 | 0.2910 | 0.2939 | 0.2967 | 0.2995 | 0.3023 | 0.3051 | 0.3078 | 0.3106 | 0.3133 |
| 0.9 | 0.3159 | 0.3186 | 0.3212 | 0.3238 | 0.3264 | 0.3289 | 0.3315 | 0.3340 | 0.3365 | 0.3389 |
| 1.0 | 0.3413 | 0.3438 | 0.3461 | 0.3485 | 0.3508 | 0.3531 | 0.3554 | 0.3577 | 0.3599 | 0.3621 |
| 1.1 | 0.3643 | 0.3665 | 0.3686 | 0.3708 | 0.3729 | 0.3749 | 0.3770 | 0.3790 | 0.3810 | 0.3830 |
| 1.2 | 0.3849 | 0.3869 | 0.3888 | 0.3907 | 0.3925 | 0.3944 | 0.3962 | 0.3980 | 0.3997 | 0.4015 |
| 1.3 | 0.4032 | 0.4049 | 0.4066 | 0.4082 | 0.4099 | 0.4115 | 0.4131 | 0.4147 | 0.4162 | 0.4177 |
| 1.4 | 0.4192 | 0.4207 | 0.4222 | 0.4236 | 0.4251 | 0.4265 | 0.4279 | 0.4292 | 0.4306 | 0.4319 |
| 1.5 | 0.4332 | 0.4345 | 0.4357 | 0.4370 | 0.4382 | 0.4394 | 0.4406 | 0.4418 | 0.4429 | 0.4441 |
| 1.6 | 0.4452 | 0.4463 | 0.4474 | 0.4484 | 0.4495 | 0.4505 | 0.4515 | 0.4525 | 0.4535 | 0.4545 |
| 1.7 | 0.4554 | 0.4564 | 0.4573 | 0.4582 | 0.4591 | 0.4599 | 0.4608 | 0.4616 | 0.4625 | 0.4633 |
| 1.8 | 0.4641 | 0.4649 | 0.4656 | 0.4664 | 0.4671 | 0.4678 | 0.4686 | 0.4693 | 0.4699 | 0.4706 |
| 1.9 | 0.4713 | 0.4719 | 0.4726 | 0.4732 | 0.4738 | 0.4744 | 0.4750 | 0.4756 | 0.4761 | 0.4767 |
| 2.0 | 0.4772 | 0.4778 | 0.4783 | 0.4788 | 0.4793 | 0.4798 | 0.4803 | 0.4808 | 0.4812 | 0.4817 |
| 2.1 | 0.4821 | 0.4826 | 0.4830 | 0.4834 | 0.4838 | 0.4842 | 0.4846 | 0.4850 | 0.4854 | 0.4857 |
| 2.2 | 0.4861 | 0.4864 | 0.4868 | 0.4871 | 0.4875 | 0.4878 | 0.4881 | 0.4884 | 0.4887 | 0.4890 |
| 2.3 | 0.4893 | 0.4896 | 0.4898 | 0.4901 | 0.4904 | 0.4906 | 0.4909 | 0.4911 | 0.4913 | 0.4916 |
| 2.4 | 0.4918 | 0.4920 | 0.4922 | 0.4925 | 0.4927 | 0.4929 | 0.4931 | 0.4932 | 0.4934 | 0.4936 |
| 2.5 | 0.4938 | 0.4940 | 0.4941 | 0.4943 | 0.4945 | 0.4946 | 0.4948 | 0.4949 | 0.4951 | 0.4952 |
| 2.6 | 0.4953 | 0.4955 | 0.4956 | 0.4957 | 0.4959 | 0.4960 | 0.4961 | 0.4962 | 0.4963 | 0.4964 |
| 2.7 | 0.4965 | 0.4966 | 0.4967 | 0.4968 | 0.4969 | 0.4970 | 0.4971 | 0.4972 | 0.4973 | 0.4974 |
| 2.8 | 0.4974 | 0.4975 | 0.4976 | 0.4977 | 0.4977 | 0.4978 | 0.4979 | 0.4979 | 0.4980 | 0.4981 |
| 2.9 | 0.4981 | 0.4982 | 0.4982 | 0.4983 | 0.4984 | 0.4984 | 0.4985 | 0.4985 | 0.4986 | 0.4986 |
| 3.0 | 0.4987 | 0.4987 | 0.4987 | 0.4988 | 0.4988 | 0.4989 | 0.4989 | 0.4989 | 0.4990 | 0.4990 |
| 3.1 | 0.4990 | 0.4991 | 0.4991 | 0.4991 | 0.4992 | 0.4992 | 0.4992 | 0.4992 | 0.4993 | 0.4993 |
| 3.2 | 0.4993 | 0.4993 | 0.4994 | 0.4994 | 0.4994 | 0.4994 | 0.4994 | 0.4995 | 0.4995 | 0.4995 |
| 3.3 | 0.4995 | 0.4995 | 0.4995 | 0.4996 | 0.4996 | 0.4996 | 0.4996 | 0.4996 | 0.4996 | 0.4997 |
| 3.4 | 0.4997 | 0.4997 | 0.4997 | 0.4997 | 0.4997 | 0.4997 | 0.4997 | 0.4997 | 0.4997 | 0.4998 |
| 3.5 | 0.4998 | 0.4998 | 0.4998 | 0.4998 | 0.4998 | 0.4998 | 0.4998 | 0.4998 | 0.4998 | 0.4998 |

## 数表 3-1　正規分布表 2

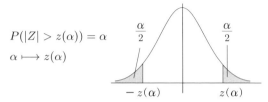

$$P(|Z| > z(\alpha)) = \alpha$$
$$\alpha \longmapsto z(\alpha)$$

| $\alpha$ | 0.00 | 0.01 | 0.02 | 0.03 | 0.04 | 0.05 | 0.06 | 0.07 | 0.08 | 0.09 |
|------|------|------|------|------|------|------|------|------|------|------|
| 0.0 | $\infty$ | 2.576 | 2.326 | 2.170 | 2.054 | 1.960 | 1.881 | 1.812 | 1.751 | 1.695 |
| 0.1 | 1.645 | 1.598 | 1.555 | 1.514 | 1.476 | 1.440 | 1.405 | 1.372 | 1.341 | 1.311 |
| 0.2 | 1.282 | 1.254 | 1.227 | 1.200 | 1.175 | 1.150 | 1.126 | 1.103 | 1.080 | 1.058 |
| 0.3 | 1.036 | 1.015 | 0.994 | 0.974 | 0.954 | 0.935 | 0.915 | 0.896 | 0.878 | 0.860 |
| 0.4 | 0.842 | 0.824 | 0.806 | 0.789 | 0.772 | 0.755 | 0.739 | 0.722 | 0.706 | 0.690 |
| 0.5 | 0.674 | 0.659 | 0.643 | 0.628 | 0.613 | 0.598 | 0.583 | 0.568 | 0.553 | 0.539 |
| 0.6 | 0.524 | 0.510 | 0.496 | 0.482 | 0.468 | 0.454 | 0.440 | 0.426 | 0.412 | 0.399 |
| 0.7 | 0.385 | 0.372 | 0.358 | 0.345 | 0.332 | 0.319 | 0.305 | 0.292 | 0.279 | 0.266 |
| 0.8 | 0.253 | 0.240 | 0.228 | 0.215 | 0.202 | 0.189 | 0.176 | 0.164 | 0.151 | 0.138 |
| 0.9 | 0.126 | 0.113 | 0.100 | 0.088 | 0.075 | 0.063 | 0.050 | 0.038 | 0.025 | 0.013 |

$z(\alpha)$ の値

$$z(0.01) = 2.576 \qquad z(0.02) = 2.326$$
$$z(0.05) = 1.96$$
$$z(0.1) = 1.645 \qquad z(0.2) = 1.282$$

## 数表 3-2　正規分布表 3

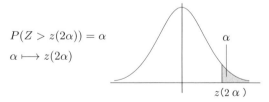

$$P(Z > z(2\alpha)) = \alpha$$
$$\alpha \longmapsto z(2\alpha)$$

| $\alpha$ | 0.00 | 0.01 | 0.02 | 0.03 | 0.04 | 0.05 | 0.06 | 0.07 | 0.08 | 0.09 |
|------|------|------|------|------|------|------|------|------|------|------|
| 0.0 | $\infty$ | 2.326 | 2.054 | 1.881 | 1.751 | 1.645 | 1.555 | 1.476 | 1.405 | 1.341 |
| 0.1 | 1.282 | 1.227 | 1.175 | 1.126 | 1.080 | 1.036 | 0.994 | 0.954 | 0.915 | 0.878 |
| 0.2 | 0.842 | 0.806 | 0.772 | 0.739 | 0.706 | 0.674 | 0.643 | 0.613 | 0.583 | 0.553 |
| 0.3 | 0.524 | 0.496 | 0.468 | 0.440 | 0.412 | 0.385 | 0.358 | 0.332 | 0.305 | 0.279 |
| 0.4 | 0.253 | 0.228 | 0.202 | 0.176 | 0.151 | 0.126 | 0.100 | 0.075 | 0.050 | 0.025 |

# 数表 4   $\chi^2$ 分布表

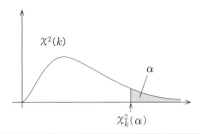

| $k\backslash\alpha$ | 0.995 | 0.99 | 0.975 | 0.95 | 0.9 | 0.1 | 0.05 | 0.025 | 0.01 | 0.005 |
|---|---|---|---|---|---|---|---|---|---|---|
| 1 | $3.9\cdot10^{-5}$ | 0.00016 | 0.00098 | 0.0039 | 0.0158 | 2.71 | 3.84 | 5.02 | 6.63 | 7.88 |
| 2 | 0.0100 | 0.0201 | 0.0506 | 0.1026 | 0.2107 | 4.61 | 5.99 | 7.38 | 9.21 | 10.60 |
| 3 | 0.0717 | 0.1148 | 0.2158 | 0.3518 | 0.5844 | 6.25 | 7.81 | 9.35 | 11.34 | 12.84 |
| 4 | 0.207 | 0.297 | 0.484 | 0.711 | 1.064 | 7.78 | 9.49 | 11.14 | 13.28 | 14.86 |
| 5 | 0.412 | 0.554 | 0.831 | 1.145 | 1.610 | 9.24 | 11.07 | 12.83 | 15.09 | 16.75 |
| 6 | 0.676 | 0.872 | 1.237 | 1.635 | 2.204 | 10.64 | 12.59 | 14.45 | 16.81 | 18.55 |
| 7 | 0.989 | 1.239 | 1.690 | 2.17 | 2.83 | 12.02 | 14.07 | 16.01 | 18.48 | 20.3 |
| 8 | 1.344 | 1.646 | 2.18 | 2.73 | 3.49 | 13.36 | 15.51 | 17.53 | 20.1 | 22.0 |
| 9 | 1.735 | 2.09 | 2.70 | 3.33 | 4.17 | 14.68 | 16.92 | 19.02 | 21.7 | 23.6 |
| 10 | 2.16 | 2.56 | 3.25 | 3.94 | 4.87 | 15.99 | 18.31 | 20.5 | 23.2 | 25.2 |
| 11 | 2.60 | 3.05 | 3.82 | 4.57 | 5.58 | 17.28 | 19.68 | 21.9 | 24.7 | 26.8 |
| 12 | 3.07 | 3.57 | 4.40 | 5.23 | 6.30 | 18.5 | 21.0 | 23.3 | 26.2 | 28.3 |
| 13 | 3.57 | 4.11 | 5.01 | 5.89 | 7.04 | 19.8 | 22.4 | 24.7 | 27.7 | 29.8 |
| 14 | 4.07 | 4.66 | 5.63 | 6.57 | 7.79 | 21.1 | 23.7 | 26.1 | 29.1 | 31.3 |
| 15 | 4.60 | 5.23 | 6.26 | 7.26 | 8.55 | 22.3 | 25.0 | 27.5 | 30.6 | 32.8 |
| 16 | 5.14 | 5.81 | 6.91 | 7.96 | 9.31 | 23.5 | 26.3 | 28.8 | 32.0 | 34.3 |
| 17 | 5.70 | 6.41 | 7.56 | 8.67 | 10.09 | 24.8 | 27.6 | 30.2 | 33.4 | 35.7 |
| 18 | 6.26 | 7.01 | 8.23 | 9.39 | 10.86 | 26.0 | 28.9 | 31.5 | 34.8 | 37.2 |
| 19 | 6.84 | 7.63 | 8.91 | 10.12 | 11.65 | 27.2 | 30.1 | 32.9 | 36.2 | 38.6 |
| 20 | 7.43 | 8.26 | 9.59 | 10.85 | 12.44 | 28.4 | 31.4 | 34.2 | 37.6 | 40.0 |
| 30 | 13.79 | 14.95 | 16.79 | 18.49 | 20.60 | 40.3 | 43.8 | 47.0 | 50.9 | 53.7 |
| 40 | 20.7 | 22.2 | 24.4 | 26.5 | 29.1 | 51.8 | 55.8 | 59.3 | 63.7 | 66.8 |
| 50 | 28.0 | 29.7 | 32.4 | 34.8 | 37.7 | 63.2 | 67.5 | 71.4 | 76.2 | 79.5 |
| 60 | 35.5 | 37.5 | 40.5 | 43.2 | 46.5 | 74.4 | 79.1 | 83.3 | 88.4 | 92.0 |
| 70 | 43.3 | 45.4 | 48.8 | 51.7 | 55.3 | 85.5 | 90.5 | 95.0 | 100.4 | 104.2 |
| 80 | 51.2 | 53.5 | 57.2 | 60.4 | 64.3 | 96.6 | 101.9 | 106.6 | 112.3 | 116.3 |
| 90 | 59.2 | 61.8 | 65.6 | 69.1 | 73.3 | 107.6 | 113.1 | 118.1 | 124.1 | 128.3 |
| 100 | 67.3 | 70.1 | 74.2 | 77.9 | 82.4 | 118.5 | 124.3 | 129.6 | 135.8 | 140.2 |

## 数表 5　　$t$ 分布表

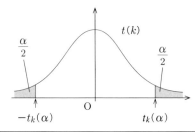

| $k\backslash\alpha$ | 0.5 | 0.4 | 0.3 | 0.2 | 0.1 | 0.05 | 0.02 | 0.01 |
|---|---|---|---|---|---|---|---|---|
| 1 | 1.000 | 1.376 | 1.963 | 3.078 | 6.314 | 12.706 | 31.821 | 63.657 |
| 2 | 0.816 | 1.061 | 1.386 | 1.886 | 2.920 | 4.303 | 6.965 | 9.925 |
| 3 | 0.765 | 0.978 | 1.250 | 1.638 | 2.353 | 3.182 | 4.541 | 5.841 |
| 4 | 0.741 | 0.941 | 1.190 | 1.533 | 2.132 | 2.776 | 3.747 | 4.604 |
| 5 | 0.727 | 0.920 | 1.156 | 1.476 | 2.015 | 2.571 | 3.365 | 4.032 |
| 6 | 0.718 | 0.906 | 1.134 | 1.440 | 1.943 | 2.447 | 3.143 | 3.707 |
| 7 | 0.711 | 0.896 | 1.119 | 1.415 | 1.895 | 2.365 | 2.998 | 3.499 |
| 8 | 0.706 | 0.889 | 1.108 | 1.397 | 1.860 | 2.306 | 2.896 | 3.355 |
| 9 | 0.703 | 0.883 | 1.100 | 1.383 | 1.833 | 2.262 | 2.821 | 3.250 |
| 10 | 0.700 | 0.879 | 1.093 | 1.372 | 1.812 | 2.228 | 2.764 | 3.169 |
| 11 | 0.697 | 0.876 | 1.088 | 1.363 | 1.796 | 2.201 | 2.718 | 3.106 |
| 12 | 0.695 | 0.873 | 1.083 | 1.356 | 1.782 | 2.179 | 2.681 | 3.055 |
| 13 | 0.694 | 0.870 | 1.079 | 1.350 | 1.771 | 2.160 | 2.650 | 3.012 |
| 14 | 0.692 | 0.868 | 1.076 | 1.345 | 1.761 | 2.145 | 2.624 | 2.977 |
| 15 | 0.691 | 0.866 | 1.074 | 1.341 | 1.753 | 2.131 | 2.602 | 2.947 |
| 16 | 0.690 | 0.865 | 1.071 | 1.337 | 1.746 | 2.120 | 2.583 | 2.921 |
| 17 | 0.689 | 0.863 | 1.069 | 1.333 | 1.740 | 2.110 | 2.567 | 2.898 |
| 18 | 0.688 | 0.862 | 1.067 | 1.330 | 1.734 | 2.101 | 2.552 | 2.878 |
| 19 | 0.688 | 0.861 | 1.066 | 1.328 | 1.729 | 2.093 | 2.539 | 2.861 |
| 20 | 0.687 | 0.860 | 1.064 | 1.325 | 1.725 | 2.086 | 2.528 | 2.845 |
| 21 | 0.686 | 0.859 | 1.063 | 1.323 | 1.721 | 2.080 | 2.518 | 2.831 |
| 22 | 0.686 | 0.858 | 1.061 | 1.321 | 1.717 | 2.074 | 2.508 | 2.819 |
| 23 | 0.685 | 0.858 | 1.060 | 1.319 | 1.714 | 2.069 | 2.500 | 2.807 |
| 24 | 0.685 | 0.857 | 1.059 | 1.318 | 1.711 | 2.064 | 2.492 | 2.797 |
| 25 | 0.684 | 0.856 | 1.058 | 1.316 | 1.708 | 2.060 | 2.485 | 2.787 |
| 26 | 0.684 | 0.856 | 1.058 | 1.315 | 1.706 | 2.056 | 2.479 | 2.779 |
| 27 | 0.684 | 0.855 | 1.057 | 1.314 | 1.703 | 2.052 | 2.473 | 2.771 |
| 28 | 0.683 | 0.855 | 1.056 | 1.313 | 1.701 | 2.048 | 2.467 | 2.763 |
| 29 | 0.683 | 0.854 | 1.055 | 1.311 | 1.699 | 2.045 | 2.462 | 2.756 |
| 30 | 0.683 | 0.854 | 1.055 | 1.310 | 1.697 | 2.042 | 2.457 | 2.750 |
| 40 | 0.681 | 0.851 | 1.050 | 1.303 | 1.684 | 2.021 | 2.423 | 2.704 |
| 60 | 0.679 | 0.848 | 1.045 | 1.296 | 1.671 | 2.000 | 2.390 | 2.660 |
| 120 | 0.677 | 0.845 | 1.041 | 1.289 | 1.658 | 1.980 | 2.358 | 2.617 |
| $\infty$ | 0.674 | 0.842 | 1.036 | 1.282 | 1.645 | 1.960 | 2.326 | 2.576 |

数表 6-1　**F 分布表 1**　($\alpha = 0.05$)

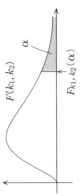

| $k_2 \backslash k_1$ | 1 | 2 | 3 | 4 | 5 | 6 | 7 | 8 | 9 | 10 | 12 | 15 | 20 | 30 | 40 | 60 | 120 | $\infty$ |
|---|---|---|---|---|---|---|---|---|---|---|---|---|---|---|---|---|---|---|
| 1 | 161 | 200 | 216 | 225 | 230 | 234 | 237 | 239 | 241 | 242 | 244 | 246 | 248 | 250 | 251 | 252 | 253 | 254 |
| 2 | 18.5 | 19.0 | 19.2 | 19.2 | 19.3 | 19.3 | 19.4 | 19.4 | 19.4 | 19.4 | 19.4 | 19.4 | 19.4 | 19.5 | 19.5 | 19.5 | 19.5 | 19.5 |
| 3 | 10.1 | 9.55 | 9.28 | 9.12 | 9.01 | 8.94 | 8.89 | 8.85 | 8.81 | 8.79 | 8.74 | 8.70 | 8.66 | 8.62 | 8.59 | 8.57 | 8.55 | 8.53 |
| 4 | 7.71 | 6.94 | 6.59 | 6.39 | 6.26 | 6.16 | 6.09 | 6.04 | 6.00 | 5.96 | 5.91 | 5.86 | 5.80 | 5.75 | 5.72 | 5.69 | 5.66 | 5.63 |
| 5 | 6.61 | 5.79 | 5.41 | 5.19 | 5.05 | 4.95 | 4.88 | 4.82 | 4.77 | 4.74 | 4.68 | 4.62 | 4.56 | 4.50 | 4.46 | 4.43 | 4.40 | 4.36 |
| 6 | 5.99 | 5.14 | 4.76 | 4.53 | 4.39 | 4.28 | 4.21 | 4.15 | 4.10 | 4.06 | 4.00 | 3.94 | 3.87 | 3.81 | 3.77 | 3.74 | 3.70 | 3.67 |
| 7 | 5.59 | 4.74 | 4.35 | 4.12 | 3.97 | 3.87 | 3.79 | 3.73 | 3.68 | 3.64 | 3.57 | 3.51 | 3.44 | 3.38 | 3.34 | 3.30 | 3.27 | 3.23 |
| 8 | 5.32 | 4.46 | 4.07 | 3.84 | 3.69 | 3.58 | 3.50 | 3.44 | 3.39 | 3.35 | 3.28 | 3.22 | 3.15 | 3.08 | 3.04 | 3.01 | 2.97 | 2.93 |
| 9 | 5.12 | 4.26 | 3.86 | 3.63 | 3.48 | 3.37 | 3.29 | 3.23 | 3.18 | 3.14 | 3.07 | 3.01 | 2.94 | 2.86 | 2.83 | 2.79 | 2.75 | 2.71 |
| 10 | 4.96 | 4.10 | 3.71 | 3.48 | 3.33 | 3.22 | 3.14 | 3.07 | 3.02 | 2.98 | 2.91 | 2.85 | 2.77 | 2.70 | 2.66 | 2.62 | 2.58 | 2.54 |
| 11 | 4.84 | 3.98 | 3.59 | 3.36 | 3.20 | 3.09 | 3.01 | 2.95 | 2.90 | 2.85 | 2.79 | 2.72 | 2.65 | 2.57 | 2.53 | 2.49 | 2.45 | 2.40 |
| 12 | 4.75 | 3.89 | 3.49 | 3.26 | 3.11 | 3.00 | 2.91 | 2.85 | 2.80 | 2.75 | 2.69 | 2.62 | 2.54 | 2.47 | 2.43 | 2.38 | 2.34 | 2.30 |
| 13 | 4.67 | 3.81 | 3.41 | 3.18 | 3.03 | 2.92 | 2.83 | 2.77 | 2.71 | 2.67 | 2.60 | 2.53 | 2.46 | 2.38 | 2.34 | 2.30 | 2.25 | 2.21 |
| 14 | 4.60 | 3.74 | 3.34 | 3.11 | 2.96 | 2.85 | 2.76 | 2.70 | 2.65 | 2.60 | 2.53 | 2.46 | 2.39 | 2.31 | 2.27 | 2.22 | 2.18 | 2.13 |
| 15 | 4.54 | 3.68 | 3.29 | 3.06 | 2.90 | 2.79 | 2.71 | 2.64 | 2.59 | 2.54 | 2.48 | 2.40 | 2.33 | 2.25 | 2.20 | 2.16 | 2.11 | 2.07 |
| 16 | 4.49 | 3.63 | 3.24 | 3.01 | 2.85 | 2.74 | 2.66 | 2.59 | 2.54 | 2.49 | 2.42 | 2.35 | 2.28 | 2.19 | 2.15 | 2.11 | 2.06 | 2.01 |
| 17 | 4.45 | 3.59 | 3.20 | 2.96 | 2.81 | 2.70 | 2.61 | 2.55 | 2.49 | 2.45 | 2.38 | 2.31 | 2.23 | 2.15 | 2.10 | 2.06 | 2.01 | 1.96 |
| 18 | 4.41 | 3.55 | 3.16 | 2.93 | 2.77 | 2.66 | 2.58 | 2.51 | 2.46 | 2.41 | 2.34 | 2.27 | 2.19 | 2.11 | 2.06 | 2.02 | 1.97 | 1.92 |
| 19 | 4.38 | 3.52 | 3.13 | 2.90 | 2.74 | 2.63 | 2.54 | 2.48 | 2.42 | 2.38 | 2.31 | 2.23 | 2.16 | 2.07 | 2.03 | 1.98 | 1.93 | 1.88 |
| 20 | 4.35 | 3.49 | 3.10 | 2.87 | 2.71 | 2.60 | 2.51 | 2.45 | 2.39 | 2.35 | 2.28 | 2.20 | 2.12 | 2.04 | 1.99 | 1.95 | 1.90 | 1.84 |
| 30 | 4.17 | 3.32 | 2.92 | 2.69 | 2.53 | 2.42 | 2.33 | 2.27 | 2.21 | 2.16 | 2.09 | 2.01 | 1.93 | 1.84 | 1.79 | 1.74 | 1.68 | 1.62 |
| 40 | 4.08 | 3.23 | 2.84 | 2.61 | 2.45 | 2.34 | 2.25 | 2.18 | 2.12 | 2.08 | 2.00 | 1.92 | 1.84 | 1.74 | 1.69 | 1.64 | 1.58 | 1.51 |
| 60 | 4.00 | 3.15 | 2.76 | 2.53 | 2.37 | 2.25 | 2.17 | 2.10 | 2.04 | 1.99 | 1.92 | 1.84 | 1.75 | 1.65 | 1.59 | 1.53 | 1.47 | 1.39 |
| 120 | 3.92 | 3.07 | 2.68 | 2.45 | 2.29 | 2.18 | 2.09 | 2.02 | 1.96 | 1.91 | 1.83 | 1.75 | 1.66 | 1.55 | 1.50 | 1.43 | 1.35 | 1.25 |
| $\infty$ | 3.84 | 3.00 | 2.60 | 2.37 | 2.21 | 2.10 | 2.01 | 1.94 | 1.88 | 1.83 | 1.75 | 1.67 | 1.57 | 1.46 | 1.39 | 1.32 | 1.22 | 1.00 |

数表 6-2　F 分布表 2　(α = 0.025)

| $k_2 \backslash k_1$ | 1 | 2 | 3 | 4 | 5 | 6 | 7 | 8 | 9 | 10 | 12 | 15 | 20 | 30 | 40 | 60 | 120 | ∞ |
|---|---|---|---|---|---|---|---|---|---|---|---|---|---|---|---|---|---|---|
| 1 | 648 | 800 | 864 | 900 | 922 | 937 | 948 | 957 | 963 | 969 | 977 | 985 | 993 | 1001 | 1006 | 1010 | 1014 | 1018 |
| 2 | 38.51 | 39.00 | 39.17 | 39.25 | 39.30 | 39.33 | 39.36 | 39.37 | 39.39 | 39.40 | 39.41 | 39.43 | 39.45 | 39.46 | 39.47 | 39.48 | 39.49 | 39.50 |
| 3 | 17.44 | 16.04 | 15.44 | 15.10 | 14.88 | 14.73 | 14.62 | 14.54 | 14.47 | 14.42 | 14.34 | 14.25 | 14.17 | 14.08 | 14.04 | 13.99 | 13.95 | 13.90 |
| 4 | 12.22 | 10.65 | 9.98 | 9.60 | 9.36 | 9.20 | 9.07 | 8.98 | 8.90 | 8.84 | 8.75 | 8.66 | 8.56 | 8.46 | 8.41 | 8.36 | 8.31 | 8.26 |
| 5 | 10.01 | 8.43 | 7.76 | 7.39 | 7.15 | 6.98 | 6.85 | 6.76 | 6.68 | 6.62 | 6.52 | 6.43 | 6.33 | 6.23 | 6.18 | 6.12 | 6.07 | 6.02 |
| 6 | 8.81 | 7.26 | 6.60 | 6.23 | 5.99 | 5.82 | 5.70 | 5.60 | 5.52 | 5.46 | 5.37 | 5.27 | 5.17 | 5.07 | 5.01 | 4.96 | 4.90 | 4.85 |
| 7 | 8.07 | 6.54 | 5.89 | 5.52 | 5.29 | 5.12 | 4.99 | 4.90 | 4.82 | 4.76 | 4.67 | 4.57 | 4.47 | 4.36 | 4.31 | 4.25 | 4.20 | 4.14 |
| 8 | 7.57 | 6.06 | 5.42 | 5.05 | 4.82 | 4.65 | 4.53 | 4.43 | 4.36 | 4.30 | 4.20 | 4.10 | 4.00 | 3.89 | 3.84 | 3.78 | 3.73 | 3.67 |
| 9 | 7.21 | 5.71 | 5.08 | 4.72 | 4.48 | 4.32 | 4.20 | 4.10 | 4.03 | 3.96 | 3.87 | 3.77 | 3.67 | 3.56 | 3.51 | 3.45 | 3.39 | 3.33 |
| 10 | 6.94 | 5.46 | 4.83 | 4.47 | 4.24 | 4.07 | 3.95 | 3.85 | 3.78 | 3.72 | 3.62 | 3.52 | 3.42 | 3.31 | 3.26 | 3.20 | 3.14 | 3.08 |
| 11 | 6.72 | 5.26 | 4.63 | 4.28 | 4.04 | 3.88 | 3.76 | 3.66 | 3.59 | 3.53 | 3.43 | 3.33 | 3.23 | 3.12 | 3.06 | 3.00 | 2.94 | 2.88 |
| 12 | 6.55 | 5.10 | 4.47 | 4.12 | 3.89 | 3.73 | 3.61 | 3.51 | 3.44 | 3.37 | 3.28 | 3.18 | 3.07 | 2.96 | 2.91 | 2.85 | 2.79 | 2.72 |
| 13 | 6.41 | 4.97 | 4.35 | 4.00 | 3.77 | 3.60 | 3.48 | 3.39 | 3.31 | 3.25 | 3.15 | 3.05 | 2.95 | 2.84 | 2.78 | 2.72 | 2.66 | 2.60 |
| 14 | 6.30 | 4.86 | 4.24 | 3.89 | 3.66 | 3.50 | 3.38 | 3.29 | 3.21 | 3.15 | 3.05 | 2.95 | 2.84 | 2.73 | 2.67 | 2.61 | 2.55 | 2.49 |
| 15 | 6.20 | 4.77 | 4.15 | 3.80 | 3.58 | 3.41 | 3.29 | 3.20 | 3.12 | 3.06 | 2.96 | 2.86 | 2.76 | 2.64 | 2.59 | 2.52 | 2.46 | 2.40 |
| 16 | 6.12 | 4.69 | 4.08 | 3.73 | 3.50 | 3.34 | 3.22 | 3.12 | 3.05 | 2.99 | 2.89 | 2.79 | 2.68 | 2.57 | 2.51 | 2.45 | 2.38 | 2.32 |
| 17 | 6.04 | 4.62 | 4.01 | 3.66 | 3.44 | 3.28 | 3.16 | 3.06 | 2.98 | 2.92 | 2.82 | 2.72 | 2.62 | 2.50 | 2.44 | 2.38 | 2.32 | 2.25 |
| 18 | 5.98 | 4.56 | 3.95 | 3.61 | 3.38 | 3.22 | 3.10 | 3.01 | 2.93 | 2.87 | 2.77 | 2.67 | 2.56 | 2.44 | 2.38 | 2.32 | 2.26 | 2.19 |
| 19 | 5.92 | 4.51 | 3.90 | 3.56 | 3.33 | 3.17 | 3.05 | 2.96 | 2.88 | 2.82 | 2.72 | 2.62 | 2.51 | 2.39 | 2.33 | 2.27 | 2.20 | 2.13 |
| 20 | 5.87 | 4.46 | 3.86 | 3.51 | 3.29 | 3.13 | 3.01 | 2.91 | 2.84 | 2.77 | 2.68 | 2.57 | 2.46 | 2.35 | 2.29 | 2.22 | 2.16 | 2.09 |
| 30 | 5.57 | 4.18 | 3.59 | 3.25 | 3.03 | 2.87 | 2.75 | 2.65 | 2.57 | 2.51 | 2.41 | 2.31 | 2.20 | 2.07 | 2.01 | 1.94 | 1.87 | 1.79 |
| 40 | 5.42 | 4.05 | 3.46 | 3.13 | 2.90 | 2.74 | 2.62 | 2.53 | 2.45 | 2.39 | 2.29 | 2.18 | 2.07 | 1.94 | 1.88 | 1.80 | 1.72 | 1.64 |
| 60 | 5.29 | 3.93 | 3.34 | 3.01 | 2.79 | 2.63 | 2.51 | 2.41 | 2.33 | 2.27 | 2.17 | 2.06 | 1.94 | 1.82 | 1.74 | 1.67 | 1.58 | 1.48 |
| 120 | 5.15 | 3.80 | 3.23 | 2.89 | 2.67 | 2.52 | 2.39 | 2.30 | 2.22 | 2.16 | 2.05 | 1.94 | 1.82 | 1.69 | 1.61 | 1.53 | 1.43 | 1.31 |
| ∞ | 5.02 | 3.69 | 3.12 | 2.79 | 2.57 | 2.41 | 2.29 | 2.19 | 2.11 | 2.05 | 1.95 | 1.83 | 1.71 | 1.57 | 1.48 | 1.39 | 1.27 | 1.00 |

**数表 6-3　F 分布表 3　(α = 0.01)**

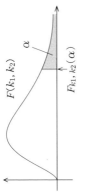

| $k_2 \backslash k_1$ | 1 | 2 | 3 | 4 | 5 | 6 | 7 | 8 | 9 | 10 | 12 | 15 | 20 | 30 | 40 | 60 | 120 | ∞ |
|---|---|---|---|---|---|---|---|---|---|---|---|---|---|---|---|---|---|---|
| 1 | 4052 | 5000 | 5403 | 5625 | 5764 | 5859 | 5928 | 5981 | 6022 | 6056 | 6106 | 6157 | 6209 | 6261 | 6287 | 6313 | 6339 | 6366 |
| 2 | 98.50 | 99.00 | 99.17 | 99.25 | 99.30 | 99.33 | 99.36 | 99.37 | 99.39 | 99.40 | 99.42 | 99.43 | 99.45 | 99.47 | 99.47 | 99.48 | 99.49 | 99.50 |
| 3 | 34.12 | 30.82 | 29.46 | 28.71 | 28.24 | 27.91 | 27.67 | 27.49 | 27.35 | 27.23 | 27.05 | 26.87 | 26.69 | 26.50 | 26.41 | 26.32 | 26.22 | 26.13 |
| 4 | 21.20 | 18.00 | 16.69 | 15.98 | 15.52 | 15.21 | 14.98 | 14.80 | 14.66 | 14.55 | 14.37 | 14.20 | 14.02 | 13.84 | 13.75 | 13.65 | 13.56 | 13.46 |
| 5 | 16.26 | 13.27 | 12.06 | 11.39 | 10.97 | 10.67 | 10.46 | 10.29 | 10.16 | 10.05 | 9.89 | 9.72 | 9.55 | 9.38 | 9.29 | 9.20 | 9.11 | 9.02 |
| 6 | 13.75 | 10.92 | 9.78 | 9.15 | 8.75 | 8.47 | 8.26 | 8.10 | 7.98 | 7.87 | 7.72 | 7.56 | 7.40 | 7.23 | 7.14 | 7.06 | 6.97 | 6.88 |
| 7 | 12.25 | 9.55 | 8.45 | 7.85 | 7.46 | 7.19 | 6.99 | 6.84 | 6.72 | 6.62 | 6.47 | 6.31 | 6.16 | 5.99 | 5.91 | 5.82 | 5.74 | 5.65 |
| 8 | 11.26 | 8.65 | 7.59 | 7.01 | 6.63 | 6.37 | 6.18 | 6.03 | 5.91 | 5.81 | 5.67 | 5.52 | 5.36 | 5.20 | 5.12 | 5.03 | 4.95 | 4.86 |
| 9 | 10.56 | 8.02 | 6.99 | 6.42 | 6.06 | 5.80 | 5.61 | 5.47 | 5.35 | 5.26 | 5.11 | 4.96 | 4.81 | 4.65 | 4.57 | 4.48 | 4.40 | 4.31 |
| 10 | 10.04 | 7.56 | 6.55 | 5.99 | 5.64 | 5.39 | 5.20 | 5.06 | 4.94 | 4.85 | 4.71 | 4.56 | 4.41 | 4.25 | 4.17 | 4.08 | 4.00 | 3.91 |
| 11 | 9.65 | 7.21 | 6.22 | 5.67 | 5.32 | 5.07 | 4.89 | 4.74 | 4.63 | 4.54 | 4.40 | 4.25 | 4.10 | 3.94 | 3.86 | 3.78 | 3.69 | 3.60 |
| 12 | 9.33 | 6.93 | 5.95 | 5.41 | 5.06 | 4.82 | 4.64 | 4.50 | 4.39 | 4.30 | 4.16 | 4.01 | 3.86 | 3.70 | 3.62 | 3.54 | 3.45 | 3.36 |
| 13 | 9.07 | 6.70 | 5.74 | 5.21 | 4.86 | 4.62 | 4.44 | 4.30 | 4.19 | 4.10 | 3.96 | 3.82 | 3.66 | 3.51 | 3.43 | 3.34 | 3.25 | 3.17 |
| 14 | 8.86 | 6.51 | 5.56 | 5.04 | 4.69 | 4.46 | 4.28 | 4.14 | 4.03 | 3.94 | 3.80 | 3.66 | 3.51 | 3.35 | 3.27 | 3.18 | 3.09 | 3.00 |
| 15 | 8.68 | 6.36 | 5.42 | 4.89 | 4.56 | 4.32 | 4.14 | 4.00 | 3.89 | 3.80 | 3.67 | 3.52 | 3.37 | 3.21 | 3.13 | 3.05 | 2.96 | 2.87 |
| 16 | 8.53 | 6.23 | 5.29 | 4.77 | 4.44 | 4.20 | 4.03 | 3.89 | 3.78 | 3.69 | 3.55 | 3.41 | 3.26 | 3.10 | 3.02 | 2.93 | 2.84 | 2.75 |
| 17 | 8.40 | 6.11 | 5.18 | 4.67 | 4.34 | 4.10 | 3.93 | 3.79 | 3.68 | 3.59 | 3.46 | 3.31 | 3.16 | 3.00 | 2.92 | 2.83 | 2.75 | 2.65 |
| 18 | 8.29 | 6.01 | 5.09 | 4.58 | 4.25 | 4.01 | 3.84 | 3.71 | 3.60 | 3.51 | 3.37 | 3.23 | 3.08 | 2.92 | 2.84 | 2.75 | 2.66 | 2.57 |
| 19 | 8.18 | 5.93 | 5.01 | 4.50 | 4.17 | 3.94 | 3.77 | 3.63 | 3.52 | 3.43 | 3.30 | 3.15 | 3.00 | 2.84 | 2.76 | 2.67 | 2.58 | 2.49 |
| 20 | 8.10 | 5.85 | 4.94 | 4.43 | 4.10 | 3.87 | 3.70 | 3.56 | 3.46 | 3.37 | 3.23 | 3.09 | 2.94 | 2.78 | 2.69 | 2.61 | 2.52 | 2.42 |
| 30 | 7.56 | 5.39 | 4.51 | 4.02 | 3.70 | 3.47 | 3.30 | 3.17 | 3.07 | 2.98 | 2.84 | 2.70 | 2.55 | 2.39 | 2.30 | 2.21 | 2.11 | 2.01 |
| 40 | 7.31 | 5.18 | 4.31 | 3.83 | 3.51 | 3.29 | 3.12 | 2.99 | 2.89 | 2.80 | 2.66 | 2.52 | 2.37 | 2.20 | 2.11 | 2.02 | 1.92 | 1.80 |
| 60 | 7.08 | 4.98 | 4.13 | 3.65 | 3.34 | 3.12 | 2.95 | 2.82 | 2.72 | 2.63 | 2.50 | 2.35 | 2.20 | 2.03 | 1.94 | 1.84 | 1.73 | 1.60 |
| 120 | 6.85 | 4.79 | 3.95 | 3.48 | 3.17 | 2.96 | 2.79 | 2.66 | 2.56 | 2.47 | 2.34 | 2.19 | 2.03 | 1.86 | 1.76 | 1.66 | 1.53 | 1.38 |
| ∞ | 6.63 | 4.61 | 3.78 | 3.32 | 3.02 | 2.80 | 2.64 | 2.51 | 2.41 | 2.32 | 2.18 | 2.04 | 1.88 | 1.70 | 1.59 | 1.47 | 1.32 | 1.00 |

数表 6-4　F 分布表 4　(α = 0.005)

| $k_2\backslash k_1$ | 1 | 2 | 3 | 4 | 5 | 6 | 7 | 8 | 9 | 10 | 12 | 15 | 20 | 30 | 40 | 60 | 120 | ∞ |
|---|---|---|---|---|---|---|---|---|---|---|---|---|---|---|---|---|---|---|
| 1 | 16211 | 20000 | 21615 | 22500 | 23056 | 23437 | 23715 | 23925 | 24091 | 24224 | 24426 | 24630 | 24836 | 25044 | 25148 | 25253 | 25359 | 25464 |
| 2 | 198.50 | 199.00 | 199.17 | 199.25 | 199.30 | 199.33 | 199.36 | 199.37 | 199.39 | 199.40 | 199.42 | 199.43 | 199.45 | 199.47 | 199.47 | 199.48 | 199.49 | 199.51 |
| 3 | 55.55 | 49.80 | 47.47 | 46.20 | 45.39 | 44.84 | 44.43 | 44.13 | 43.88 | 43.69 | 43.39 | 43.08 | 42.78 | 42.47 | 42.31 | 42.15 | 41.99 | 41.83 |
| 4 | 31.33 | 26.28 | 24.26 | 23.15 | 22.46 | 21.98 | 21.62 | 21.35 | 21.14 | 20.97 | 20.70 | 20.44 | 20.17 | 19.89 | 19.75 | 19.61 | 19.47 | 19.32 |
| 5 | 22.78 | 18.31 | 16.53 | 15.56 | 14.94 | 14.51 | 14.20 | 13.96 | 13.77 | 13.62 | 13.38 | 13.15 | 12.90 | 12.66 | 12.53 | 12.40 | 12.27 | 12.14 |
| 6 | 18.63 | 14.54 | 12.92 | 12.03 | 11.46 | 11.07 | 10.79 | 10.57 | 10.39 | 10.25 | 10.03 | 9.81 | 9.59 | 9.36 | 9.24 | 9.12 | 9.00 | 8.88 |
| 7 | 16.24 | 12.40 | 10.88 | 10.05 | 9.52 | 9.16 | 8.89 | 8.68 | 8.51 | 8.38 | 8.18 | 7.97 | 7.75 | 7.53 | 7.42 | 7.31 | 7.19 | 7.08 |
| 8 | 14.69 | 11.04 | 9.60 | 8.81 | 8.30 | 7.95 | 7.69 | 7.50 | 7.34 | 7.21 | 7.01 | 6.81 | 6.61 | 6.40 | 6.29 | 6.18 | 6.06 | 5.95 |
| 9 | 13.61 | 10.11 | 8.72 | 7.96 | 7.47 | 7.13 | 6.88 | 6.69 | 6.54 | 6.42 | 6.23 | 6.03 | 5.83 | 5.62 | 5.52 | 5.41 | 5.30 | 5.19 |
| 10 | 12.83 | 9.43 | 8.08 | 7.34 | 6.87 | 6.54 | 6.30 | 6.12 | 5.97 | 5.85 | 5.66 | 5.47 | 5.27 | 5.07 | 4.97 | 4.86 | 4.75 | 4.64 |
| 11 | 12.23 | 8.91 | 7.60 | 6.88 | 6.42 | 6.10 | 5.86 | 5.68 | 5.54 | 5.42 | 5.24 | 5.05 | 4.86 | 4.65 | 4.55 | 4.45 | 4.34 | 4.23 |
| 12 | 11.75 | 8.51 | 7.23 | 6.52 | 6.07 | 5.76 | 5.52 | 5.35 | 5.20 | 5.09 | 4.91 | 4.72 | 4.53 | 4.33 | 4.23 | 4.12 | 4.01 | 3.90 |
| 13 | 11.37 | 8.19 | 6.93 | 6.23 | 5.79 | 5.48 | 5.25 | 5.08 | 4.94 | 4.82 | 4.64 | 4.46 | 4.27 | 4.07 | 3.97 | 3.87 | 3.76 | 3.65 |
| 14 | 11.06 | 7.92 | 6.68 | 6.00 | 5.56 | 5.26 | 5.03 | 4.86 | 4.72 | 4.60 | 4.43 | 4.25 | 4.06 | 3.86 | 3.76 | 3.66 | 3.55 | 3.44 |
| 15 | 10.80 | 7.70 | 6.48 | 5.80 | 5.37 | 5.07 | 4.85 | 4.67 | 4.54 | 4.42 | 4.25 | 4.07 | 3.88 | 3.69 | 3.59 | 3.48 | 3.37 | 3.26 |
| 16 | 10.58 | 7.51 | 6.30 | 5.64 | 5.21 | 4.91 | 4.69 | 4.52 | 4.38 | 4.27 | 4.10 | 3.92 | 3.73 | 3.54 | 3.44 | 3.33 | 3.22 | 3.11 |
| 17 | 10.38 | 7.35 | 6.16 | 5.50 | 5.07 | 4.78 | 4.56 | 4.39 | 4.25 | 4.14 | 3.97 | 3.79 | 3.61 | 3.41 | 3.31 | 3.21 | 3.10 | 2.98 |
| 18 | 10.22 | 7.21 | 6.03 | 5.37 | 4.96 | 4.66 | 4.44 | 4.28 | 4.14 | 4.03 | 3.86 | 3.68 | 3.50 | 3.30 | 3.20 | 3.10 | 2.99 | 2.87 |
| 19 | 10.07 | 7.09 | 5.92 | 5.27 | 4.85 | 4.56 | 4.34 | 4.18 | 4.04 | 3.93 | 3.76 | 3.59 | 3.40 | 3.21 | 3.11 | 3.00 | 2.89 | 2.78 |
| 20 | 9.94 | 6.99 | 5.82 | 5.17 | 4.76 | 4.47 | 4.26 | 4.09 | 3.96 | 3.85 | 3.68 | 3.50 | 3.32 | 3.12 | 3.02 | 2.92 | 2.81 | 2.69 |
| 30 | 9.18 | 6.35 | 5.24 | 4.62 | 4.23 | 3.95 | 3.74 | 3.58 | 3.45 | 3.34 | 3.18 | 3.01 | 2.82 | 2.63 | 2.52 | 2.42 | 2.30 | 2.18 |
| 40 | 8.83 | 6.07 | 4.98 | 4.37 | 3.99 | 3.71 | 3.51 | 3.35 | 3.22 | 3.12 | 2.95 | 2.78 | 2.60 | 2.40 | 2.30 | 2.18 | 2.06 | 1.93 |
| 60 | 8.49 | 5.79 | 4.73 | 4.14 | 3.76 | 3.49 | 3.29 | 3.13 | 3.01 | 2.90 | 2.74 | 2.57 | 2.39 | 2.19 | 2.08 | 1.96 | 1.83 | 1.69 |
| 120 | 8.18 | 5.54 | 4.50 | 3.92 | 3.55 | 3.28 | 3.09 | 2.93 | 2.81 | 2.71 | 2.54 | 2.37 | 2.19 | 1.98 | 1.87 | 1.75 | 1.61 | 1.43 |
| ∞ | 7.88 | 5.30 | 4.28 | 3.72 | 3.35 | 3.09 | 2.90 | 2.74 | 2.62 | 2.52 | 2.36 | 2.19 | 2.00 | 1.79 | 1.67 | 1.53 | 1.36 | 1.00 |

# 付　録 D　参考文献

[1]　「確率（現代数学レクチャーズ)」武隈良一（培風館）

[2]　「確率論とその応用 I 上」ウィリアム・フェラー（紀伊國屋書店）

[3]　「統計分布ハンドブック」蓑谷千凰彦（朝倉書店）

[4]　「確率分布の近似」竹内啓（教育出版）

[5]　「2 項分布とポアソン分布」竹内啓／藤野和建（東京大学出版会）

[6]　「回帰分析」佐和隆光（朝倉書店）

[7]　「多変量統計解析法」田中豊／脇本和昌（現代数学社）

[8]　「標本調査法」鈴木達三／高橋宏一（朝倉書店）

[9]　「社会調査ハンドブック」林知己夫（朝倉書店）

[10]　「サンプルサイズの決め方」永田靖（朝倉書店）

[11]　「簡約統計数値表」統計数値表編集委員会（日本規格協会）

[12]　「統計解析ハンドブック」武藤眞介（朝倉書店）

[13]　「統計学辞典」竹内啓（東洋経済新報社）

[14]　「理科年表」文部科学省国立天文台（丸善株式会社）

[15]　「数理統計学の基礎」野田一雄／宮岡悦良（共立出版）

[16]　「数理統計学」竹内啓（東洋経済新報社）

[17]　「統計的推測とその応用」C.R. ラオ（東京図書）

[18]　「自然科学の統計学」東京大学教養学部統計学教室編（東京大学出版会）

[19]　「正規分布〜特性と応用」柴田義貞（東京大学出版会）

[20]　「理工系の確率・統計入門 （第 4 版)」服部哲也（学術図書出版社）

[21]　「The ASA's statement on p-values: context, process, and purpose」Ronald L. Wasserstein , Nicole A. Lazar（The American Statistician, 2016,70,129-133）

# 索　　引

### 著　者

服部　哲也　　大阪工業大学　工学部

### 教科書サポート

正誤表などの教科書サポート情報を以下の本書ホームページに掲載する.

https://www.gakujutsu.co.jp/text/isbn978-4-7806-1175-5/

**確率分布と統計入門　第2版 増補**

| 2011 年　8 月 30 日 | 第 1 版 | | 第 1 刷 | 発行 |
| 2018 年　9 月 30 日 | 第 1 版 | | 第 4 刷 | 発行 |
| 2019 年 11 月 30 日 | 第 2 版 | | 第 1 刷 | 発行 |
| 2021 年　9 月 30 日 | 第 2 版 | 増補 | 第 1 刷 | 発行 |
| 2023 年　9 月 30 日 | 第 2 版 | 増補 | 第 3 刷 | 発行 |

| 著　　者 | 服部　哲也 |
| 発 行 者 | 発田　和子 |
| 発 行 所 | 株式会社 学術図書出版社 |

〒113-0033　東京都文京区本郷 5 丁目 4 の 6
TEL 03-3811-0889　振替 00110-4-28454
印刷　（株）かいせい